T0222832

Ökologie in Zahlen

Dietmar Kalusche

Ökologie in Zahlen

Eine Datensammlung in Tabellen
mit über 10.000 Einzelwerten

2. Auflage

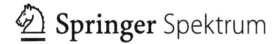 Springer Spektrum

Dietmar Kalusche
Bietigheim-Bissingen, Deutschland

ISBN 978-3-662-47986-5   ISBN 978-3-662-47987-2 (eBook)
DOI 10.1007/978-3-662-47987-2

Die Deutsche Nationalbibliothek verzeichnet diese Publikation in der Deutschen Nationalbibliografie;
detaillierte bibliografische Daten sind im Internet über http://dnb.d-nb.de abrufbar.

Springer Spektrum

Planung: Stefanie Wolf

Gedruckt auf säurefreiem und chlorfrei gebleichtem Papier

Springer-Verlag GmbH Berlin Heidelberg ist Teil der Fachverlagsgruppe
Springer Science+Business Media
(www.springer.com)

Vorwort zur zweiten Auflage

Seit dem Erscheinen der ersten Auflage der „Ökologie in Zahlen" sind fast zwanzig Jahre vergangen. Inzwischen hat sich viel verändert, insbesondere auch, was die Zugänglichkeit von Datenmaterial anbelangt. Zu fast jedem Fachgebiet sind heute im Internet Zahlen und Statistiken zu finden, so auch zur Ökologie. So fragt man sich, ob da eine Printversion der „Ökologie in Zahlen" überhaupt noch Sinn macht. Die Printversion bietet jedoch den Vorteil, nicht endlos im Internet suchen zu müssen, sondern wichtige Daten nebeneinander in einem Band zu finden.

Wenn man das Datenmaterial im Internet sichtet, so findet man dort vor allem Angaben zu dem Aspekt des Umweltschutzes i. w. S. oder zu statistischen Angaben zu Größen und Mengen im angewandten Bereich der Ökologie. Daten zur Allgemeinen oder auch zur Populationsökologie sind weniger anzutreffen. Hier hat sich aber auch wenig verändert.

Die zweite Auflage ist schmäler; viele Tabellen wurden gestrichen und nur relativ wenige neu aufgenommen. In einzelnen Fällen wurden alte Tabellen durch neuere Daten ergänzt. Auf der anderen Seite wurden Tabellen mit statistischen Angaben aus der ersten Auflage unverändert beibehalten. Sie können zu Vergleichszwecken mit neueren Daten herangezogen werden. So versteht sich die zweite Auflage der „Ökologie in Zahlen" vor allem als Sammlung von Standardtabellen zu Werten, Mengen und Größen der Allgemeinen Ökologie.

Dietmar Kalusche
Bietigheim-Bissingen, Juni 2015

Inhaltsverzeichnis

Biosphäre und Ökosysteme

Verbreitung und Anpassung von Organismen

1.1 Daten zur gesamten Erde

Die Bio- oder Ökosphäre umfasst die Gesamtheit der von Lebewesen bewohnbaren Flächen und Räume auf unserem Planeten. Sie setzt sich aus einzelnen mehr oder weniger großen Lebensräumen zusammen. Die Biosphäre ist – gemessen am Erdradius – eine äußerst dünne Schicht von ca. 20.000 m (20 km) Mächtigkeit, die sich um den Erdball zieht. Ihre höchste Erhebung ist knapp 9000 m hoch und die tiefste Einsenkung ca. 11.000 m tief.

Die Tabellen dieses Kapitels enthalten Daten zur Größe und Ausdehnung der Biosphäre und einiger bedeutender oder beispielhafter Lebensräume.

1.1.1 Abmessungen der Erde

Erdradius am Äquator	6378,161 km
Erdradius an den Polen	6378,160 km
Halbe Erdachse	6356,775 km
Erdumfang am Äquator	40.007,818 km
Umfang über die Pole	40.009,152 km
Länge eines Wendekreises	36.778,000 km
Länge eines Polarkreises	15.996,280 km
Oberfläche der Erde	**510.100,934 km^2**
Erdvolumen	**1.083.319,7 Mio. km^3**

Angaben aus Statistisches Jahrbuch für das Ausland, 1992

© Springer-Verlag Berlin Heidelberg 2016
D. Kalusche, *Ökologie in Zahlen*, DOI 10.1007/978-3-662-47987-2_1

Eine besondere Bedeutung unter diesen Zahlen kommt der Erdoberfläche zu; sie ist die Grundfläche der Biosphäre und damit aller Biotope.

Der großen Zahl des Erdradius muss entgegengesetzt werden, dass die tatsächlich bewohnbaren Lebensräume sich nur als maximal 20 km dicke Hülle um die Erdoberfläche legen.

1.1.2 Aufteilung der Erdoberfläche; Verteilung von Wasser und Land

Die Tabelle gibt die Aufteilung der Erdoberfläche unter verschiedenen Aspekten an.

Die Wasserflächen (Biohydrosphäre) der Erde sind über zweimal so groß wie die Landflächen (Biogeosphäre).

Die Landmassen sind auf der Nordhalbkugel konzentriert, die Wassermassen auf der südlichen Hemisphäre. Diese ungleiche Verteilung verhindert eine idealtypische zonale Ausprägung des Klimas und der Vegetation.

Oberfläche der Erde	510.100.934 km^2	(= 100 %)
Wasserfläche	360.570.00 km^2	(70,7 %)
Landfläche	149.430.00 km^2	(29,3 %)
Landfläche ohne Antarktis (in 2011)	135.281.639 km^2	(= 100 %)
Landwirtschaftlich genutzte Fläche (in 2011)	49.116.226 km^2	(36,1 %)
Waldfläche (in 2011)	40.274.680 km^2	(29,77 %)
Sonstige Flächen (in 2011) (Wüsten, Brachland, Gebirge, Siedlungen)	41.313.584 km^2	(30,54 %)
Binnengewässer (Seen, Flüsse; in 2011)	4.577.149 km^2	(3,38 %)
Region	**absolute Fläche**	**prozentualer Anteil**
Landfläche der Nordhalbkugel	100 Mio. km^2	39 %
Wasserfläche der Nordhalbkugel	155 Mio. km^2	61 %
Landfläche der Südhalbkugel	49 Mio. km^2	19 %
Wasserfläche der Südhalbkugel	206 Mio. km^2	81 %

Zahlenangaben aus Wikipedia, Okt. 2014

Vergletscherte und mit Eis bedeckte Landfläche		11 %
in % der Landfläche auf der nördlichen Halbkugel		2 %
in % der Landfläche auf der südlichen Halbkugel		29 %
Größe der Kontinente		**ihr Anteil der der Land-fläche**
Asien	44 Mio. km²	29,5 %
Afrika	30 Mio. km²	20 %
Nordamerika	24 Mio. km²	16 %
Südamerika	18 Mio. km²	12 %
Antarktis	14 Mio. km²	9,4 %
Europa	10 Mio. km²	7 %
Australien	8 Mio. km²	5,5 %
Ozeanien	1 Mio. km²	0,6 %
Größe der Ozeane		**ihr Anteil an der Wasser-flächen**
Pazifischer Ozean	180 Mio. km²	50 %
Atlantischer Ozean	106 Mio. km²	29 %
Indischer Ozean	75 Mio. km²	21 %

Zahlenangaben aus Wikipedia, Okt. 2014

1.1.3   Aufbau der Erde, Dicke der Erdkruste

Schicht	Dicke in km	Masse (g)	Dichte (g/cm³)
Erdkern	3480	$1,88 \times 10^{27}$	10,6
Mantel	2870	$4,08 \times 10^{27}$	4,6
Kruste (unter Ozean)	7	7×10^{24}	2,8
Kruste (unter Kontinent)	40	7×10^{24}	2,8
Ozeane (Mittelwert)	4	$1,39 \times 10^{24}$	1,0

Angaben aus Fritsch, 1990

Schicht	Dicke in km	Masse (g)	Dichte (g/cm³)
Lithosphäre (Mittelwert)	3	–	–
Atmosphäre (Mittelwert)	20	$5,1 \times 10^{21}$	–

Angaben aus Fritsch, 1990

1.1.4   Chemische Zusammensetzung der Erdkruste

Die Werte sind nach der prozentualen Häufigkeit geordnet.

Element	Gewichts-%	Volumen-%
O	46,6	91,8
Si	27,7	0,8
Al	8,1	0,8
Fe	5,0	0,7
Ca	3,6	1,5
Na	2,8	1,6
K	2,6	2,1
Mg	2,1	0,6
Ti	0,4	
P	0,1	
Mn	0,1	
H	0,1	

Angaben aus Schubert, 1986

   Die Elemente der festen Erdkruste (Lithosphäre) haben in den obersten Metern über den Boden einen Einfluss auf die Organismen.

   Die große Menge an Sauerstoff ist darauf zurückzuführen, dass viele der nachfolgend aufgeführten Elemente als Oxide in der Erdkruste vorkommen.

   Allerdings spiegelt die Zusammensetzung der Biomoleküle die prozentuale Häufigkeit der Elemente aus der Erdkruste nicht wider.

1.1.5 Gliederung der Lufthülle

Bezeichnung der Schicht	Ausdehnung von ... bis
Exosphäre	oberhalb ca. 400 km
(enthält den Van-Allen-Gürtel: Zone intensiver Röntgenstrahlen)	oberhalb ca. 800 km)
Iono- bzw. **Thermosphäre**	ca. 80–400 km
E-Schicht	ca. 110 km
F1-Schicht	ca. 180–250 km
F2-Schicht	ca. 200–400 km
Mesosphäre	
(zunächst Temperaturzunahme, dann Abnahme)	ca. 30–80 km
untere Mesosphäre (Temperaturzunahme)	ca. 30–50 km
obere Mesosphäre (Temperaturabnahme)	ca. 50–80 km
D-Schicht	ca. 70–80 km
Mesopause	ca. 80 km
Stratosphäre (Temperaturkonstanz)	ca. 12–30 km
Troposphäre (Temperaturabnahme mit der Höhe)	ca. 0–12 km
Grundschicht (Peplos)	ca. 0–2 km
(obere Begrenzung: Peplopause)	
Advektionsschicht	ca. 2–12 km
Propopause	ca. 10–12 km
Dicke der Troposphäre über dem Polargebiet	ca. 0–9 km
Dicke der Troposphäre über dem Äquator	ca. 0–18 km

Angaben aus Statistisches Jahrbuch für das Ausland, 1992; Schäfer, Schumann, 1974

Das Wettergeschehen vollzieht sich in der Troposphäre. Die Ozonschicht liegt in ca. 30–50 km Höhe.

Die Gaszusammensetzung und die Partikel in den verschiedenen Schichten der Erdatmosphäre beeinflussen das Leben auf der Erde, wie deutlich an den Auswirkungen der Zerstörung der Ozonschicht oder am steigenden Kohlenstoffdioxidgehalt erkennbar ist.

1.2   Daten zur Verbreitung der Lebewesen auf der Erde

Die Verteilung der Lebewesen auf der Erde richtet sich nach unterschiedlichen Aspekten. Ein besonderes Kriterium ist die gemeinsame Erdgeschichte, die mit der Geschichte der heutigen Kontinente zusammenhängt; sie prägt die geologischen Gemeinsamkeiten. Daneben sind es vor allem auch gemeinsame klimatische Verhältnisse in einer biogeographischen Region, die eine ähnliche Flora bzw. Fauna prägen.

1.2.1   Die biogeographischen Regionen der Biosphäre

Die Lebewesen, insbesondere die Pflanzen- und Tierwelt unterscheidet sich in einzelnen Großregionen der stark. Das hängt insbesondere mit der erdgeschichtlichen Entwicklung der Regionen zusammen.

Region	Fläche in Mio. ha	Anteil in %
Holarktis (Neoarktis + Palaearktis)	5366	42
Palaetropis	4497	35
Neotropis	1796	14
Australis	876	7
Antarktis	160	1
Capensis	5	0,04
Gesamt	**12.700**	

Angaben aus Bick, 1989

1.2.2   Die Ökozonen der Erde

Die Ökozonale Gliederung folgt vorrangig naturräumlichen Kriterien. Die Abfolge geht von den Polen zum Äquator, wobei diese Gürtel auf der Nordhalbkugel idealtypischer ausgeprägt sind als auf der Südhalbkugel. Der Grund liegt in der ungleichen Verteilung der Wasser- und Landmassen.

Ökozonen	Ungefähre Entsprechung zu den Klimaten von		Fläche nach Paffen (1980) Mio km²	Fest-landsanteil %
	Troll/Paffen (1964)	Walter/Lieth (1960–1967)		
1. Polare/subpolare Zone	I 1–4	IX	22,1	14,8
1.1 Tundra und Frostschutt-zone	I 2–4		5,8	3,9
1,2 Eiswüsten	I 1		16,3	10,9
2. Boreale Zone	II 1–3	VIII	19,5	13,0
3. Feuchte Mittelbreiten	III 1–8	VI	14,5	9,7
4. Trockene Mittelbreiten	III 9–12	VII	16,4	11,0
4.1 Grassteppen	III 9–11		11,9	8,0
4.2 Wüsten und Halbwüsten	III 12		4,5	3,0
5. Tropisch/Subtropische Trockengebiete	V 4, 5 u. IV 2, 3, 5	III	31,2	20,9
5.1 Dornsavannen und Dornsteppen	V 4 u. IV 2, 3	13,6	9,2	
5.2 Wüsten und Halbwüsten	V 5 u. IV 5		17,6	11,7
6. Winterfeuchte Subtropen	IV 1 (IV 1, 2)	IV	2,7	1,8
7. Sommerfeuchte Tropen	V 2, 3 (V 2–4 u. IV 3, 4)	II	24,4	16,3
8. Immerfeuchte Subtropen	IV 4, 6; 7	V	6,1	4,1
9. Immerfeuchte Tropen	V 1 (V 1, 2)	I	12,5	8,3

Angaben aus Schultz 1988

1.2.3   Zonobiome nach Walter

Zonobiom	Name und Charakterisierung
ZBI	Äquatoriales Zonobiom mit Tageszeitenklima (perhumides ZB)
ZB II	Tropisches Zonobiom mit Sommerregen (humid-arides ZB)
ZB III	Subtropisch-arides Zonobiom (Wüstenklima)
ZB IV	Winterfeuchtes Zonobiom mit Sommerdürre (mediterranes; arid-humides ZB)
ZB V	Warmtemperiertes (ozeanisches) Zonobiom
ZB VI	Typisch gemäßigtes Zonobiom mit kurzer Frostperiode (nemorales ZB)
ZB VII	Arid-gemäßigtes Zonobiom mit kalten Wintern (kontinentales ZB)
ZB VIII	Kalt-gemäßigtes Zonobiom mit kühlen Sommern (boreales ZB)
ZB IX	Arktisches einschließlich Antarktisches Zonobiom

Angaben nach Walter/Breckle, 1983

Walter stellt der Einleitung der Biosphäre in biogeographische Regionen (vgl. Abschn. 1.2.2) eine zonale, an die großen Klimazonen der Erde angepasste Gliederung gegenüber. Die durch zonal auf der Erde verteilte Klimagegebenheiten geprägten Biom-Typen nennt er Zonobiome ZB). Der durch Klimafaktoren geprägte Lebensraum einer Bioregion bildet mit dem gesamten Organismenbestand eine ökologische Einheit höheren Ranges, die Allee (1949) Biom nannte (nach Bick 1989).

1.2.4   Der Anteil der Ökosystemtypen an der Erdoberfläche

Ökosystemtyp	Anteil an der Erdoberfläche
offenes Meer	65,0 %
Kontinentalschelf	5,2 %
extreme Wüsten (Fels-, Sand-, Eiswüsten)	4,7 %
Wüsten und Halbwüsten	3,5 %
immergrüner tropischer Regenwald	3,3 %
Savanne	2,9 %
Kulturland	2,7 %
Borealer Nadelwald	2,4 %
Grasland der gemäßigten Zone	1,8 %

Ökosystemtyp	Anteil an der Erdoberfläche
Wälder und Buschland	1,7 %
Tundra	1,6 %
sommergrüner tropischer Wald	1,5 %
sommergrüner Wald der gemäßigten Zone	1,3 %
immergrüner Wald der gemäßigten Zone	1,0 %
Feuchtgebiete und Auen	0,4 %
Seen und Flüsse	0,4 %
Ästuare	0,3 %
Algenrasen und Korallenriffe	0,1 %
Auftriebszonen*)	0,1 %

1.2.5 Die äußeren Grenzen der tropisch/subtropischen Trockengebiete in Abhängigkeit von den Jahresniederschlägen

	der Grenze zwischen	entspricht ein Jahresniederschlag von etwa
in Richtung Äquator	Wüste – Halbwüste	125 mm
	Halbwüste – Dornsavanne	250 mm
	Dornsavanne – Trockensavanne (Sommerfeuchte Tropen)	500 mm
in Richtung Pole	Wüste – Halbwüste	100 mm
	Halbwüste – Winterfeuchte Steppen der Subtropen	200 mm
	Winterfeuchte Steppen – Winterfeuchte Subtropen	300–(400) mm

Angaben aus Schultz, 1988

Die Abschn. 1.2.6 bis 1.2.13 enthalten Angaben zur Höhenzonierung auf verschiedenen Kontinenten. Damit sollen Vergleichsdaten in unterschiedlichen klimatischen Regionen bereit gestellt werden.

1.2.6   Höhenstufen der Vegetation in den Alpen

Stufe	Beginn der typ. Ausprägung in m Höhe			Jahresdurch-schnittstem-peratur	Vegetations-dauer in Tagen
	Nord-	Zentral-	Südalpen		
nivale Stufe	ab 2400 m	ab 2400 m	ab 3000 m	< −5 °C	veg.frei
alpine Stufe	ab Wald-grenze bis 2400 m	–	3000 m	− 2=5 °C	< 100
subalpine Stufe	1900 m	2400 m	2000 m	1–2 °C	100–200
montane Stufe	1350 m	1400 m	1800 m	4–8 °C	> 200
colline Stufe	500 m	800 m	1000 m	8–12 °C	> 250

Angaben nach verschiedenen Autoren

Die Höhengrenzen zeigen eine Asymmetrie zwischen der Nord- und der Südseite der Alpen.

1.2.7   Vergleich der Höhenstufen in den Alpen und den Anden (Ostseite)

Alpen		Höhenstufe	Anden-Ostseite	
Meereshöhe	natürliche Vegetation		natürliche Vegetation	Meereshöhe
oberhalb ca. 3300 m	Schneestufe	nival	Schneestufe	oberhalb 5000 m
2900–3300 m	Polsterpflanzen	subnival	Polsterpflanzen	4500–5000 m
2000–3300 m	unten Zwerg-sträucher alpin oben Grasheide	alpin	Paramò	3900–4500 m
1500–2000 m	Krummholz (Waldgrenze)	subalpin	Nebelwald	2700–3900 m

Angaben aus G. und C. Müller

Alpen		Höhenstufe	Anden-Ostseite	
Meereshöhe	natürliche Vegetation		natürliche Vegetation	Meereshöhe
1000–1500 m	Buchen-Tannen-Fichten-wald	montan	Bergregenwald	1500–2700 m
500–1000 m	Buchenwald Eichenmisch-wald	submontan/ collin planar	Tropischer Regenwald	800–1500 m

Angaben aus G. und C. Müller

1.2.8   Höhenstufen an der Anden-Westseite am Äquator (Ecuador)

Höhenstufe	Meereshöhe	natürliche Vegetation	Kulturpflanzen
Tierra helada	ab 3600 m	Schopfbäume; darüber Frostschutt	–
Tierra fria	2000–3600 m	unten Bambus oben Baumfarne	Weizen, Gerste, Mais, Kartoffeln
Tierra templada	900–2000 m	unten Tropische Regenwälder, oben Wälder	Tabak, Bananen Zuckerrohr, Mais, Kaffee, Äpfel
Tierra caliente	0–900 m	Tropische Regenwälder	Tabak, Bananen, Zuckerrohr, Mais, Kakao

Angaben aus daten.schule.at (abgerufen am 01.03.2015)

1.2.9   Höhenstufen in Venezuela

Beispiel für eine Stufung der Lebensräume in einem tropischen Land

Höhenstufe	Meereshöhe	Jahrestemperatur	Vegetationsform
Ewiger Schnee	>4850 m	<0 °C	Firnflächen
Tierra helada (alpin)	3200–4850 m	9–0 °C	vegetationslose Kältewüste (Paranos)
Tierra fria (subalpin)	2200–3200 (3300) m	14–9 °C	Waldgrenze Gebüschzone
Tierra templada			
a) montan	1500–2200 (2400) m	18–14 °C	nasser Nebelwald
b) submontan	800–1500 m	22–18 °C	halbimmergrüner Wald
Tierra caliente	0–800 (1000) m	28–22 °C	Dornbuschsavanne

Angaben aus Walter/Breckle, 1983

1.2.10 Die Abhängigkeit der mittleren Temperatur und des Luftdrucks von der Meereshöhe in Venezuela

Meereshöhe (in m)	Temperaturmittel (in °C)	Barometerstand	
		in mm Hg	in hPa
5000	−1,5	421,4	561,8
4500	1,4	448,0	597,3
4000	4,2	476,5	635,3
3500	7,0	506,2	674,9
3000	9,9	537,5	716,6
2500	12,8	570,4	760,5
2000	15,6	605,0	806,6
1500	18,5	641,2	854,9
1000	21,3	679,3	905,7
500	24,2	719,2	958,9
0	27,0	760,0	1013,3

Angaben aus Walter/Breckle, 1988

Bei den angegebenen Werten handelt es sich um Mittelwerte. Durch Exposition, Sonnenscheindauer usw. können lokal große Abweichungen auftreten.

Der Höhengradient (Abnahme der Durchschnittstemperatur bei 100 m Höhenanstieg) beträgt 0,57 °C pro 100 m.

1.2.11 Höhenstufen am Hindukusch (Himalaya, Afghanistan)

Die Nordseite des Hindukusch ist kontinental-trocken geprägt, die Südseite steht unter Monsuneinfluss.

Höhenstufe	Nordseite	Südseite
Talbereich	< 1400 m	< 1100 m
Laubwaldstufe	1400–2000 m	1000–2300 m
Nadelwaldstufe	2000–2800 m	2300–3000 m
Waldgrenze	nicht erkennbar	3000–3150 m
Subalpine Stufe	2800–3600 m	3000–3500 m
Alpine Stufe	3600–4200 m	3500–4300 m
Subnival Stufe	4200–4800 m	4300–5200 m
Schneegrenze	4800–5200 m	5200–5400 m

Zahlen nach Breckle, 2004

1.2.12 Höhenstufen am Kilimandscharo

bis ca. 1000 m	Zone 1, Buschlandzone
ab ca. 1000 bis ca. 1800 m	Zone 2, Kulturlandzone
ab ca. 1800 bis ca. 3000 m	Zone 3, Regenwaldzone
ab ca. 3000 bis ca. 4000 m	Zone 4, Heide- und Moorlandzone
ab ca. 4000 bis ca. 5000 m	Zone 5, Steinwüste
ab ca. 4000 bis Gipfel	Zone 6, Krater- oder Gipfelzone

Zusammengestellt von Mario Cometti aus diversen Quellen (abgerufen am 02.03.2015)

1.2.13 Höhenstufen der Vegetation auf den Kanarischen Inseln

Die Kanarischen Inseln liegen in der subtropischen Klimazone.

Höhe über NN (in m)	Vorkommen	Vegetationstyp	bezeichnende Arten
100–800	alle Inseln	Sukkulentenbusch	*Kleinia neriifolia, Euphorbia canarensis*
200–900	alle Inseln	thermophiler Buschwald	*Maytenus canarensis, Juniperus phoenica*
200–1400	alle Inseln außer Lanzarote u. Fuerteventura	semi-humide Lorbeerwälder	*Ixanthus viscosus, Laurus novacanarensis*
1200–2000	El Palma, Gran Canaria, El Hierro, Teneriffa	trockene Kanaren-Kieferwälder	*Cystus symphytifolius, Pinus canarensis*
oberhalb 2000	Teneriffa, La Palma	Teide-Ginstergebüsch	*Spartocystus supranubius*
oberhalb 2700	Teneriffa	Teide-Schuttflur	*Viola cheiranthifolia*

Angaben aus Wittig, R.: Geobotanik

1.2.14 Waldgrenze in verschiedenen Regionen der Erde

Als „Waldgrenze" wird die klimatisch bedingte Grenzzone bezeichnet, bis zu der mehr oder weniger geschlossene Baumbestände auftreten. Dagegen verbindet die „Baumgrenze" als gedachte Linie die am weitesten vorgeschobenen, einzeln stehenden Bäume oder Baumgruppen.

Gebiet	Geographische Breite	Höhe über NN in m	Waldbildner der Waldgrenze
Lappland	70°N	300–400	*Betula tortuosa, Pinus sylvestris*
Tatra (West-Karpaten)	49,5°N	ca. 1800	*Larix decidua, Pinus cembra*
Schwarzwald	48°N	1400	*Picea abies, Fagus sylvatica*
Nordalpen: Säntis (Schweiz)	47,3°N	ca. 1700	*Picea abies*

NN = Normal-Null (Meereshöhe). Angaben aus Lexikon Biologie, Band 10, 1992; dort Zusammenstellung nach verschiedenen Autoren

Gebiet	Geographische Breite	Höhe über NN in m	Waldbildner der Waldgrenze
Hakkoda-Berge, Nord-Honshu (Japan)	40,5°N	1300	*Abies mariesii*
Zentralalpen (Obergurgl, Tirol)	47°N	2000–2150	*Pinus cembra, Larix decidua*
Mt. Evans (Colorado, USA)	39,5°N	bis 3300	Nadelwälder
Pikes Peak (Rocky Mountains, Colorado, USA)	38°N	3750	*Picea engelmanii*
Ätna	37,5°N	2000–2200	*Fagus-Pinus nigra-Betula aetnensis*-Bestand
Westnepal (Himalaya)	30°N	3900	*Abies spectabilis, Betula utilis*
Tibesti (Sahara)	ca. 22°N	1600–2300	*Acacia-Ficus*-Gehölze
Mexiko	19°N	4000	*Pinus hartwegii*
Äthiopien	4°N–17°N	bis 3300	*Juniperus-Hagenia-Podocarpus*-Wald
Kolumbien (Anden)	2°N–12°N	bis >4000	Tropischer Höhenwald mit *Ceroxylon*-Arten (Wachspalmen)
Nord-Venezuela	8°N	ca. 3300	Feuchter Nebelwald mit *Podocarpus*
Mt. Kenya	0°N	2600–2700 (3400)	Bambuswald mit *Podocarpus-Hagenia*-Beständen
Nord-Chile (Anden)	ab 18°S	1600–1800	Immergrüner Hartlaubwald *(Quercus sp.)*
Neuseeland	40°N–45°S	900–>1000	*Nothofagus*-Wald

NN=Normal-Null (Meereshöhe). Angaben aus Lexikon Biologie, Band 10, 1992; dort Zusammenstellung nach verschiedenen Autoren

1.2.15 Verteilung der Pflanzen verschiedener geographischer Regionen auf die Raunkiaer'schen Lebensformtypen

Christian Raunkiaer (dänischer Botaniker, 29.03.1860–11.03.1938) nahm eine Einteilung der Pflanzen nach Lebensformtypen vorwiegend aufgrund der Lage der Erneuerungsknospen vor. Diese Lebensformtypen kommen insbesondere in Wechselklimaten (Vegetationszeit und Vegetationsruhe, z. B. während der kalten Jahreszeit) zum Ausdruck.

Raunkiaer unterschied folgende Lebensformen:

P = Phanerophyten; Lage der Erneuerungsknospen höher als 50 cm über dem Erdboden (Bäume und Sträucher),

Ch = Chamaephyten; Lage der Erneuerungsknospen nahe am Erdboden (20–50 cm hoch) (Zwerg- und Halbsträucher),

H = Hemikryptophyten; Lage der Erneuerungsknospen dicht an der Erdoberfläche (z. B. Ausläuferpflanzen, Rosettenpflanzen),

K = Kryptophyten; Lage der Erneuerungsknospen unter der Erdoberfläche (Geophyten z. B. Pflanzen mit einer Zwiebel oder einem Rhizom) oder im Wasser (Hydrophyten, Wasserpflanzen) bzw. im Sumpf (Helophyten, Sumpfpflanzen),

T = Therophyten; Einjährige (Anuelle); nur die Samen überwintern, alle übrigen Teile sterben am Ende der Vegetationsperiode.

Die Tabelle gibt die prozentuale Verteilung der Lebensformen nach Raunkiaer für verschiedene geographische Regionen an (%-Anteil entsprechender Arten).

	P	Ch	H	K	T
Weltweiter Durchschnitt	46	9	26	6	13
Tropische Zone:					
Tropischer Regenwald	96	2	–	2	–
Seychellen	61	6	12	5	16
Wüstenzone:					
Totes-Meer-Gebiet	4	7,5	1,5	5	82
Lybische Wüste	12	21	20	5	42
Cyrenaika	9	14	19	8	50
Mediterrane Zone:					
Italien	12	6	29	11	42

Angaben aus Lexikon Biologie, Band 10, 1992; dort Zusammenstellung nach verschiedenen Autoren

	P	Ch	H	K	T
Gemäßigte Zone:					
Warmtemperatur Laubwald	54	9	24	9	4
Kalttemperatur Nadelwald	10	17	54	12	7
Schweizer Mittelland	10	5	50	15	20
Pariser Becken	8	6,5	51,5	25	9
Dänemark	7	3	50	22	18
Arktische Zone:					
Spitzbergen	1	22	60	15	2
Nivale Stufe:					
Alpen (Durchschnittswert)	–	24,5	68	4	3,5

Angaben aus Lexikon Biologie, Band 10, 1992; dort Zusammenstellung nach verschiedenen Autoren

1.2.16 Verteilung der Pflanzen in den Hochlagen der Alpen auf die Raunkiaer'schen Lebensformtypen

Erklärung zu den Lebensformtypen und zu den Buchstaben bei Abschn. 1.2.14. Die Tabelle gibt die prozentuale Häufigkeit der Lebensformtypen an der gesamten Vegetation der einzelnen Höhenstufen an.

	P	CH	H	K	T
Hochlagen der Alpen					
3050–3150 m	–	40,3	52,5	2,4	4,8
3150–3260 m	–	53,5	34,9	2,3	9,3
3260–3350 m	–	64,6	29,0	3,2	3,2
über 3350 m	–	69,0	31,0	–	–

Angaben aus Lexikon Biologie, Band 10, 1992

Literatur

Bick, H.: Ökologie. Stuttgart 1989

Breckle, S.-W.: Flora, Vegetation und Ökologie der alpin-nivalen Stufe am Hindukusch. Stuttgart 2004

Fritsch, B.: Mensch – Umwelt – Wissen. Evolutionsgeschichtliche Aspekte des Umweltproblems. Zürich, Stuttgart 1990

Lexikon der Biologie, Schmitt, M. (Hrsg.): Band 10. Freiburg 1992

Müller, G. u. C.: Geheimnisse der Pflanzenwelt, Manuscriptum Leipzig 2003

Purves u.a.: Biologie, Spektrum, 2011

Schubert, R. (Hrsg.): Lehrbuch der Ökologie. Jena 1984

Schumann, W.: Knauers Buch der Erde. München 1974

Schultz, J.: Die Ökozonen der Erde. Stuttgart 1988

Statistisches Bundeamt (Hrsg.): Statistisches Jahrbuch 1992 für das Ausland. Wiesbaden 1992

Walter, H. u. S.Breckle,: Ökologie der Erde, Band 1 - 3. Stuttgart 1983 ff

Wittig, R.: Geobotanik, UTB basiscs, Haupt Bern, 2012

Ökofaktoren

2

Dieses Kapitel enthält Angaben zu einzelnen ökologischen Faktoren, insbesondere den abiotischen Faktoren, die alle Ökosysteme betreffen.

Die Kapitel 3 und 4 enthalten Angaben zu ausgewählten Ökosystemen.

2.1 Ökofaktor Wasser

Wasser gehört zu den Voraussetzungen für Leben schlechthin. In diesem Teilkapitel werden einige allgemeine Angaben zu den physikalischen-chemisch Eigenschaften des Wassers gegeben, soweit diese eine ökologische Relevanz aufweisen. Angaben zu aquatischen Ökosystemen folgen im Kapitel 4.

2.1.1 Ausgewählte Kenngrößen des Wassers

Eigenschaft	Kenngröße	Bemerkung
Spezifisches Gewicht	$1,000\,g/cm^3$ bei $4\,°C$	Grund dafür, dass Seen von oben nach unten zufrieren
Spezifische Wärme	$4,187\,J$ bei $15\,°C$	größte spezifische Wärme aller Flüssigkeiten; Gewässer als Wärmespeicher
Verdampfungswärme	$2281\,kJ/kg$	größte Verdampfungswärme aller Flüssigkeiten; Kühleffekt der Transpiration
Wärmeleitung	Wasser: $0,0057\,J/cm \times s \times Grad$	Wärmetransport

Angaben aus Klötzli, 1993 und Wittig, 1979

© Springer-Verlag Berlin Heidelberg 2016
D. Kalusche, *Ökologie in Zahlen*, DOI 10.1007/978-3-662-47987-2_2

Eigenschaft	Kenngröße	Bemerkung
	Eis: 0,024 J/ cm × s × Grad	
	Luft: 0,00021 J/ cm × s × Grad	
Wärmekapazität	Wasser: 4,18 J/ cm^3 × Grad	
	Luft: 0,0013 J/ cm^3 × Grad	
Dielektrische Konstante	= 80,08 bei 20 °C	höchste dielektrische Konstante aller Substanzen; Lösungsvermögen für eine Vielzahl von Stoffen
Oberflächen-	72,8 dyn/cm bei 20 °C	große Kohäsionskräfte

Angaben aus Klötzli, 1993 und Wittig, 1979

2.1.2 Die Sauerstoffsättigung von reinem Wasser

Die Werte beziehen sich auf einen Gesamtdruck der wasserdampfgesättigten Atmosphäre von 1013 HPa oder 760 mmHg. Es sind nur die Werte für ganze Grade aufgenommen.

Temperatur [°C]	max. Sauerstoffgehalt [mg/l O$_2$]
0	14,16
1	13,77
2	13,40
3	13,05
4	12,70
5	12,37
6	12,06
7	11,76
8	11,47
9	11,19
10	10,92

Angaben nach Merck; dort nach Truesdale, Downing und Lowden, 1955

Temperatur [°C]	max. Sauerstoffgehalt [mg/l O$_2$]
11	10,67
12	10,43
13	10,20
14	9,98
15	9,76
16	9,56
17	9,37
18	9,18
19	9,01
20	8,84
21	8,68
22	8,53
23	8,38
24	8,25
25	8,11
26	7,99
27	7,86
28	7,75
29	7,64
30	7,53
31	7,42
32	7,32
33	7,22
34	7,13
35	7,04
36	6,94
37	6,86
38	6,76
39	6,68
40	6,59

Angaben nach Merck; dort nach Truesdale, Downing und Lowden, 1955

2.1.3 Die Löslichkeit von Sauerstoff im Wasser in Abhängigkeit von Temperatur und Salzgehalt unter Normaldruck

Temperatur in °C	Salzgehalt in ‰					
	0	10	20	30	35	40
−2	10,88	10,19	9,50	8,82	8,47	8,12
0	10,29	9,65	9,00	8,36	8,04	7,71
10	8,02	7,56	7,09	6,63	6,41	6,17
20	6,57	6,22	5,88	5,53	5,35	5,18
30	5,57	5,27	4,95	4,65	4,50	4,35

Angaben aus Schubert, 1984

2.1.4 Die Löslichkeit von Gasen in Wasser in Abhängigkeit von der Wassertemperatur

Gas	Löslichkeit bei (in mg/l)		
	0 °C	10 °C	20 °C
Luft			
N_2 (78,0 Vol-%)	22,4	17,45	14,2
O_2 (20,1 Vol-%)	14,5	11,1	8,9
CO_2 (0,03 Vol-%)	1,0	0,7	0,51
Stickstoff (N_2)	28,8	22.6	18,6
Sauerstoff (O_2)	69,5	53,7	43,3
Kohlenstoffdioxid (CO_2)	3350	2320	1690
Ammoniak (NH_3)	1000	690	540
Schwefelwasserstoff (H_2S)	7100	5300	4000
Chlor (Cl_2)	14.600	9700	7000
Ozon (O_3)	1360	1100	700

Angaben aus Heinrich und Hergt, 1990

2.1.5 Die Dichte von reinem Wasser in Abhängigkeit von der Temperatur

Temperatur °C	Dichte g/cm³
0	0,99987
4	**1,00000 (genau bei 3,98 °C)**
5	0,99999
10	0,99973
15	0,99913
18	0,99862
20	0,99823
30	0,99568
35	0,99406

Angaben aus Wittig, 1979

2.1.6 Die Dichte des Wassers in Abhängigkeit vom Salzgehalt

Salzgehalt ‰	Dichte bei 4 °C in g/cm³
0	1,00000
1	1,00085
2	1,00169
3	1,00251
10	1,00818
35 (Meerwasser)	**1,02822**

Angaben aus Wittig, 1979

2.1.7 Dichte und Gefrierpunkt von Wasser in Abhängigkeit vom Salzgehalt

Diese Werte sind besonders für marine Ökosysteme oder salzhaltige Binnengewässer bedeutsam.

Salzgehalt	größte Dichte bei	Gefrierpunkt
0 ‰	+4,0 °C	0,0 °C
10 ‰	+1,8 °C	−0,5 °C
20 ‰	−0,3 °C	−1,1 °C
30 ‰	−2,5 °C	−1,6 °C
40 ‰	−4,5 °C	−2,2 °C

Angaben aus Schumann, 1974

2.1.8 Löslichkeit von Kalk ($CaCO_3$) in Wasser

Kalk (genauer: Calciumcarbonat $CaCO_3$) ist in Wasser löslich. Die Löslichkeit hängt vom CO_2-Partialdruck ab. Je größer dieser ist, desto höher ist die Löslichkeit von Calciumcarbonat. Dieser Zusammenhang ist für die Lösung von kalkhaltigen Bodenpartikeln bedeutsam. Wegen der Löslichkeit von Kalk in Wasser entstanden auch solche Lebensräume wie die Karsthöhlen, Tropfsteinhöhlen und unterirdisch verlaufenden Flusssysteme.

Die Löslichkeit ist in Abhängigkeit vom CO_2-Partialdruck bei 25 °C (mittlerer CO_2-Partialdruck der Atmosphäre = 0,033 kPa, entspricht 0,033 Vol.-%) angegeben.

CO_2-Partialdruck (kPa)	$CaCO_3$-Löslichkeit (mg $CaCO_3$/l)
0,031	52
0,33	117
1,6	201
4,3	287
10	390

Angaben aus Scheffer und Schachtschabel, 1992

2.1.9   Härtegrad-Bewertung von Wasser

Härtegrad °d H	Bewertung
0–4	sehr weich
4–8	weich
8–18	mittelhart
18–30	hart
über 30	sehr hart

1 Grad deutscher Härte (1 °d H) sind erreicht, wenn 1 Liter Wasser 7,15 mg Calcium (Ca), 4,33 mg Magnesium (Mg) oder 10 mg Calciumoxid (CaO) enthält. Angaben aus Katalyse Umwelt-Lexikon, 1988

Die Wasserhärte kann auch in Millival (mval) angegeben werden: 1 °d H entspricht 0,36 mval MgO = 7,19 mg MgO/l (MgO = Magnesiumoxid).

2.1.10   pH-Wert ausgewählter Flüssigkeiten

Die Tabelle enthält die pH-Werte verschiedener Flüssigkeiten, vor allem auch solche, die von ökologischer Relevanz sind. Diese Angaben können dazu dienen, die „sauren Niederschläge" mit dem pH-Wert anderer Flüssigkeiten zu vergleichen.
Die meisten Werte sind nur Richtwerte.
Die Flüssigkeiten sind nach der Zunahme des pH-Wertes angeordnet.

Flüssigkeit	pH-Wert
Batteriesäure	1,0
Magensaft (Durchschnittswert)	1,73
Weinsäure	2,2
Ameisensäure	2,3
Zitronensaft	2,4
Haushaltsessig	2,7–3,1
Traufwasser von Bäumen	2,75
derzeitig durchschnittlicher Regen in Deutschland	4,1
Schwellenwert für den Boden, bevor es zu Schädigungen kommt	4,3

Angaben aus AOL, 1988 und Umweltlexikon, 1988

Flüssigkeit	pH-Wert
Letalgrenze für fast alle Fische	4,5
Bier	4,6
Kaffee	5,0
Freisetzung giftiger Metallionen im Boden bei	5,0
„normaler" Regen	5,6
Urin	5,3–6,0
Milch	6,5
reines Wasser	**7,0**
Blut	7,32–7,35
Seewasser	8,3
Borax	9,2
Ammoniak	11,8
Kalkwasser, gesättigt	12,3

Angaben aus AOL, 1988 und Umweltlexikon, 1988

2.1.11 Maximaler Wasserdampfgehalt der Luft in Abhängigkeit von der Temperatur (auf Meereshöhe)

Der maximale Wasserdampfgehalt gibt an, wie viel Wasser $1\,m^3$ Luft aufnehmen kann. Dieser Wert entspricht der absoluten Feuchte.

In der täglichen Praxis spielt die **relative Feuchte** eine größere Rolle. Sie gibt an, wie viel Prozent der maximal möglichen Wasserdampfmenge (= absolute Feuchte) in der Luft enthalten sind.

Temperatur °C	absolute Feuchte (g/m^3)
−40	0,1
−35	0,2
−30	0,3
−25	0,6
−20	0,9
−15	1,4

Angaben aus Schumann, 1974

Temperatur °C	absolute Feuchte (g/m³)
−10	2,2
−5	3,3
0	4,9
+5	6,8
+10	9,4
+15	12,8
+20	17,3
+25	23,1
+30	30,4
+35	39,6
+40	51,1

Angaben aus Schumann, 1974

2.2 Ökofaktor Luft

In diesem Kapitel sind Angaben zur Zusammensetzung der unbelasteten und belasteten Luft, zu den Treibhausgasen und zum Ozon enthalten.

Weitere Angaben finden sich in Abschn. 5.3 (Gaskreisläufe).

2.2.1 Zusammensetzung der Luft

Gasart	trockene Luft	feuchte Luft
Stickstoff	78,08 Vol-%	76,06 Vol-%
Sauerstoff	20,95 Vol-%	20,40 Vol-%
Wasserstoff	0,01 Vol-%	0,01 Vol-%
Wasserdampf	−	2,60 Vol-%
Argon	0,93 Vol-%	0,91 Vol-%
Kohlenstoffdioxid	0,03 Vol-%	0,03 Vol-%
Andere Edelgase (Neon, Helium, Krypton, Xenon)	0,02 Vol-%	

Angaben aus Lachmann, 1991 und Schumann, 1974

Die Tabelle gibt den CO_2-Gehalt der Luft noch mit 0,03 Vol-% an. Z. T. wird der CO_2-Gehalt heute schon mit über 0,04 Vol-% angegeben (vgl. Abschn. 2.2.2).

Neben diesen Gasen sind in der trockenen, reinen Luft stets Wasserdampf und Ozon (in der Größenordnung von ca. $1-100 \times 10-7$ Vol.-%) vorhanden.

2.2.2   Wachstumsrate des CO_2-Gehalts der Luft seit 1990 und Anstieg der globalen CO_2-Emission

a) **Wachstumsrate des CO_2-Gehalts**

Zeitspanne	Wachstumsrate CO_2 in %	Zuwachs in ppm/Jahr
1990–2000	1,5 %	1,49 ppm/Jahr
2000–2009	3,5 %	zwischen 2000 und 2006 1,93 ppm/Jahr
		2007: 2,4 ppm/Jahr
		2008 „nur" 1,8 ppm/Jahr (Weltwirtschaftskrise)
2012–2014	2,4 %	2012: 2,66 ppm/Jahr
		2013: 2,27 ppm/Jahr
		Mai 2014: > 4 ppm/Jahr

ppm = parts per million = 10^{-6}

b) **globale CO_2-Emission**

Kohlenstoffdioxid entsteht bei der Verbrennung von kohlenstoffhaltigen Substanzen, z. B. fossilen Energieträgern, aus Kohlenstoff und Sauerstoff. 3,664 t CO_2 entsprechen mengenmäßig 1 t C oder aus 1 t C entstehen bei der Verbrennung 3,67 t CO_2.

Jahr/Zeitraum	globale Menge an CO_2	Anteil einzelner Staaten
1960er-Jahre	3,1 Gt C/Jahr	
1990	22,7 Gt C/Jahr	
2000	25,4 Gt C/Jahr	
2010	33,0 Gt C/Jahr	

Angaben aus Bildungsserver Wiki (abgerufen am 26.05.2015)

Jahr/Zeitraum	globale Menge an CO$_2$	Anteil einzelner Staaten	
2011	34 Gt C/Jahr	China	29%
		USA	16%
		EU	11%
		Indien	6%
		Russland	5%
		Japan	4%

Angaben aus Bildungsserver Wiki (abgerufen am 26.05.2015)

2.2.3 Klimawirksame Spurengase der Atmosphäre (Übersichtsdarstellung)

Unter „klimawirksamen Spurengasen" versteht man solche Verbindungen, die den Treibhauseffekt verstärken und somit zur Erhöhung der Durchschnittstemperaturen beitragen.

Spurengas	prozentualer Anteil am Treibhauseffekt
Kohlenstoffdioxid (CO$_2$)	50%
Methan (CH$_4$)	19%
Fluorkohlenwasserstoffe (FCKW)	17%
Ozon (O$_3$)	8%
Distickstoffoxid (N$_2$O)	4%
Wasserstoff (H$_2$)	2%

Angaben aus Drutjons, 1991

2.2.4   Charakteristika einiger Treibhausgase

Bei der Verursachung des Treibhauseffektes kommt es nicht nur auf die Menge eines Gases an, sondern vor allem auf dessen Potenzial, den Treibhauseffekt zu verstärken.

Gas Parameter	CO_2	CH_4	N_2O	O_3	R11	R12
Konzentration (ppm)	354	1,72	0,31	0,03	0,00028	0,00048
Verweilzeit (Jahre)	50–200	12	114	0,1	60	130
Anstieg (%/a)	0,5	1,0	0,25	0,5	5	3
relatives Treibhauspotential (konzentrationsbezogen)	1	21	289	2000	12.400	15.800
Anteil am Treibhauseffekt in %	50	13	5	7	5	12

R11 und R12 sind Fluorkohlenwasserstoffe. Angaben aus Daten zu Umwelt, 1990/91 und Purves u. a., 2011

2.2.5   Verursacher des Treibhauseffektes

Diese Tabelle benennt den prozentualen Anteil einiger Vorgänge und Quellen am Treibhauseffekt.

Bereich	prozentualer Anteil
Energiegewinnung (Nutzung fossiler Energieträger)	50 %
Chemie (Emission von FCKW und Halonen)	20 %
Tropenwälder (Emissionen durch Verbrennung und Verrottung)	15 %
Landwirtschaft und andere Bereiche (Methan durch Rinderhaltung und Nassfeld-Reisanbau, Düngung, Mülldeponien)	15 %

Angaben aus Daten zur Umwelt, 1990/91

2.2.6 Hauptquellen für die Methanproduktion (CH$_4$)

Organismen/Prozess	freigesetzte Mengen in 10^{12} g CH$_4$/a
Wirbeltiere (vor allem Wiederkäuer)	70–100
Termiten	10–50
übrige Insekten	10–30
Nass-Reisanbau	70–170
Sümpfe, Seen	20–70
Tundra, nördliche Sümpfe	40–110
Verbrennung von Biomasse	20–110
Bodenabtragung	30–60
Freisetzung natürlicher Gase	20–50
Bergbau	12–40

Angaben aus AIP Conference, 1992

2.3 Ökofaktor Strahlung (ohne Radioaktivität), Licht

In diesem Kapitel sind allgemeine Angaben zur Strahlungsbilanz der Erde und zur Licht-abhängigkeit der Pflanzen enthalten.

2.3.1 Strahlungsbilanz der Erde

Die Sonne strahlt $41,868^{26}$ J × s^{-1} ab.

An der Grenze der Erdatmosphäre kommen an: 8,123 J × cm^{-2} × min^{-1} (= 1360 W × m^{-2}), die Solarkonstante.
Über 98 % dieser Strahlung ist kurzwellig mit Wellenlängen unter 4 μm; etwa 40–45 % davon erscheinen als sichtbares Licht mit Wellenlängen von 380–720 nm.

Diese verteilt sich wie folgt:	
Reflexion an Wolken	33 %
Reflexion an Teilchen in der Atmosphäre	9 %
Absorption in Atmosphäre	15 %

Angaben aus Schubert 1984, und Ahlheim, K.H.: „Wie funktioniert das?", 1989

| diffuse Sonnenstrahlung, die auf der Erdoberfläche ankommt | 16% |
| direkte Sonnenstrahlung, die auf der Erdoberfläche auftrifft | 27% |

Das bedeutet, von der Solarkonstanten treffen nur etwa 43% auf der Erdoberfläche auf.

Die jährlich insgesamt eingestrahlte Sonnenenergie beträgt 178.000 TWa (= Terawatt-Jahre) oder $5,62 \times 10^{24}$ J.

Angaben aus Schubert 1984, und Ahlheim, K.H.: „Wie funktioniert das?", 1989

2.3.2   Der Verbleib der eingestrahlten Sonnenenergie in der Biosphäre

Art der Energieumsetzung	Anteil in %
Reflexion	30
direkte Umwandlung in Wärme	46
Verdunstung, Niederschlag (als Antrieb des Wasserkreislaufs)	23
Wind, Wellen, Strömungen	0,2
Photosynthese	0,8
ferner:	
Gezeitenenergie	ca. 0,0017
Erdwärme	ca. 0,5

Angaben aus Odum, 1991

2.3.3 Spektrale Zusammensetzung des Sonnenlichts

Ein Teil der Sonnenstrahlung wird in der oberen Atmosphäre (in ca. 25 km Höhe) durch Ozon und Luftsauerstoff absorbiert; das betrifft die extrem kurzwelligen Anteile. Die langwelligen Anteile werden durch den Wasserdampf und das CO_2 herausgefiltert.

An einem klaren Sonnentag gelangt Licht folgender Zusammensetzung auf die Erde:

UV-Strahlung (<380 nm)[*]	ca. 10%
Infrarotes Licht (>720 nm)	ca. 45%
sichtbares Licht (380–720 nm)	ca. 45%

[*]Die UV-Strahlung wird folgendermaßen unterteilt, wobei die Abgrenzung zwischen den einzelnen UV-Arten z. T. unterschiedlich gehandhabt wird: UVC: 100–280 nm, UVB: 280–315 nm, UVA: 315–380 nm. Generell gilt, dass der Energiegehalt der kürzerwelligen UV-Strahlung höher ist als der längerwelligen. UVC wird größtenteils von der Ozonschicht der Atmosphäre absorbiert, sodass hauptsächlich UVA und UVB-Strahlung auf der Erdoberfläche auftrifft. Angaben aus Schubert, 1984

Der für die Photosynthese-Leistung wichtigste Anteil des Lichtes liegt im Spektralbereich von 400–700 nm (Photosynthetic Active Radiation = PhAR); es ist zugleich der Bereich, in dem wir Menschen das Licht ebenfalls wahrnehmen.

PhAR für die Purpurbakterien: 350–850 nm.

2.3.4 Adsorption der Sonnenstrahlung durch die Atmosphäre in Abhängigkeit vom Einfallswinkel

Vom Einfallswinkel der Sonnenstrahlung hängt die Erwärmung der Erdoberfläche ab. Die extremen Winkel (90° und 0° sind für die äquator- bzw. polnahen Gebiete ausschlaggebend.

Einfallswinkel der Sonnenstrahlen	absorbierte Strahlung
90°	100%
50°	80%
30°	40%
10°	30%
0°	20%

Angaben aus Schumann, 1988

2.3.5 Einfluss der Höhenlage auf die Einstrahlung

Die Werte der Tabelle spiegeln das intensive Strahlungsklima im Hochgebirge, bedingt durch die reinere und dünnere Luft, wider.

Höhe in m über NN	Einstrahlung ($W \times m^{-2}$)
100	560
800	840
1500	980
2400	1120

Angaben aus Lerch, 1991

Damit hängen zusammen:
a) Schutz vieler Hochgebirgspflanzen durch z. B. einen weißfilzigen Überzug aus abgestorbenen Haaren,
b) schnelleres Bräunen mit zunehmender Höhe.

2.3.6 Die Albedo (Rückstrahlung) verschiedener Oberflächen

Die Albedo ist ein Maß für das Rückstrahlvermögen (Reflexionsstrahlung) von diffus reflektierenden, also nicht selbst leuchtenden Oberflächen. Sie wird als dimensionslose Zahl angegeben und entspricht dem Verhältnis von rückgestrahltem zu einfallendem Licht. Eine Albedo von 0,9 entspricht 90 % Rückstrahlung.

a) Landoberflächen; Angegeben ist die Albedo als Prozentwert der Einstrahlung.

aride Regionen		humide Regionen	
Wüste	25–30 %	Grüne Wiese	10–20 %
Sanddüne (trocken)	35–45 %	Laubabwerfender Wald	10–20 %
Sanddüne (feucht)	20–30 %	Nadelwald	5–15 %
Savanne	20–25 %	Felder (unbestellt)	0,26 %
Wadi-Vegetation	36–39 %	Kulturland	15–25 %
Zwergstrauch-Halbwüste	28–33 %	Rasen	18–23 %

a) Angaben aus Schultz, 1988, a) u. b) Angaben aus Wikipedia (Stand 08.03.2015)

b)sonstige Flächen

Wolken	60–90 %	
frischer Schnee	80–90 %	
alter Schnee	45–90 %	
Wasserfläche (Neigungswinkel > 45°)	5 %	
Wasserfläche (Neigungswinkel > 30°)	8 %	
Wasserfläche (Neigungswinkel > 20°)	12 %	
Wasserfläche (Neigungswinkel > 10°)	22 %	
Asphalt	15 %	

a) Angaben aus Schultz, 1988, a) u. b) Angaben aus Wikipedia (Stand 08.03.2015)

2.3.7   Reflexion der Sonnenstrahlung an unterschiedlichen Materialien

Ein Teil der auf der Erdoberfläche ankommenden Strahlung wird reflektiert, wobei die Oberflächenbeschaffenheit und -farbe sich verschieden auswirken.

Diese Reflexionen verstärken das Albedo (= in den Weltraum reflektierte Strahlung).

Bei hohem Sonnenstand reflektieren:

Wasserflächen (auch Meer)	3–10 %
Wälder	5–20 %
Wiesen und Felder	12–30 %
dunkle Ackerböden	7–10 %
Sandböden	15–40 %
heller Dünensand	30–60 %
Altschnee	42–70 %
Neuschnee	81–99 %
geschlossene Wolkendecke	60–90 %
geschlossene Siedlungen	15–25 %

Angaben aus Lerch, 1991

2.4   Ökofaktor Temperatur

Dieses Kapitel enthält insbesondere Angaben über Temperaturgrenzen von Organismen.

2.4.1   Extreme der gemessenen Lufttemperatur

Aufgeführt sind nur Daten aus meteorologisch einwandfrei durchgeführten Messungen.

Ort	Messdatum	Temperatur
Höchstwerte		
San Louis (Hochland von Mexico)	11.08.1933	57,8 °C
Death Valley (California)	10.07.1913	56,7 °C
Al Aziziyah (Libyen)		58,0 °C
Minuswerte		
Wostok (Antarktis)		−91,5 °C (Mittel: −57,8 °C)
Werchojansk und Oimjakon (NE-Sibirien)		−77,8 °C
höchste Temperatur in Europa		
Sevilla		50,0 °C
höchste Temperatur in Deutschland		
(Quelle: Südwestpresse Ulm, 10.08.92)		
Potsdam	09.08.1992	38,7 °C
Mauschnow bei Frankfurt/O.	09.08.1992	38,5 °C
Gärmersdorf bei Amberg	27.07.1983	40,2 °C
Kitzingen (Bayern)	07.08.2015	40,3 °C
Tiefste Temperaturen in Deutschland		
Feldberg Schwarzwald (1493 m)	23.02.1996	−31,4 °C (über Schnee)
Stötten a.k.M. (Schwäbische Alb)	23.02.1996	−24,2 °C

Angaben aus Walter und Breckle, 1983 und Südwestpresse Ulm (verschiedene Daten)

2.4.2   Obere Temperaturgrenzen des Lebens

In der Spalte „Verhalten" ist eingetragen, wie der Organismus auf die angegebene Temperatur reagiert.

Art	Temperatur	Verhalten
Thermophile Bakterien	100 °C	Lebensdauer bis 788 min
Thermophile Bakterien	140 °C	Lebensdauer bis 0,9 min
Ceramium tenuissimum	28 °C	Lebensdauer bis 340 min
Ceramium tenuissimum	38 °C	Lebensdauer bis 10 min
Gerste, *Hordeum* Samen	55 °C	Lebensdauer bis 70 min
Gerste, *Hordeum* Samen	70 °C	Lebensdauer bis 2 min
Sonnenblume, *Helianthus annuus* Samen	140 °C	nach 15 Minuten noch keimfähig
Geißeltiere, Flagellata	70 °C	wurde nach jahrelanger Vorgewöhnung ertragen
Trompetentierchen, *Stentor*	44–50 °C	Wärmestarre, langsam erwärmt
Wechseltierchen, *Amoeba*	40–45 °C	Todestemperatur
Hohltiere, Coelenterata		
Chrysaora, Rhizostoma	28–32 °C	Wärmelähmung
Rhizostoma pulmo	40 °C	Todestemperatur
Tubularia crocea	25 °C	Lebensdauer bis 70 min
Rotatorien, Tardigraden	150 °C	wird eingetrocknet kurze Zeit ertragen
Gliederfüßer, Arthropoda		
Ostseegarnele, *Palaemon squilla*	26 °C	Todestemperatur bei plötzlicher Einwirkung
Ostseegarnele, *Palaemon squilla*	39 °C	Todestemperatur
Wasserfloh, *Daphnia magna*	35 °C	Lebensdauer 27,8 min
Wasserfloh, *Daphnia magna*	40 °C	Lebensdauer 1,1 min
Taufliege, *Drosophila* Imago	10 °C	Lebensdauer 120,5 Tage
Taufliege, *Drosophila* Imago	30 °C	Lebensdauer 13,6 Tage
Taufliege, *Drosophila* Imago	31,5 °C	Lebensdauer 6,87 Tage
Taufliege, *Drosophila* Imago	37,5 °C	Lebensdauer 0,032 Tage
Krake, *Octopus spec.*	36 °C	Todestemperatur
Weinbergschnecke, *Helix pomatias*	50,5 °C	Todestemperatur
Manteltier, *Salpa africana*	38 °C	Todestemperatur

Angaben aus Altevogt, R.: Daten und Fakten Biologie, 1979

2.4.3 Obere und untere Temperaturgrenzen für Organismen

Systematische und ökologische Großgruppen *Art* (Deutscher Name)	Minimum (°C)	Maximum (°C)	Bemerkungen
Rickettsien		50–70	Schädigungen nach 30 min Hitze-Einwirkung in gut wasserversorgtem Zustand
Bakterien		90	Obere Temperaturgrenze für das natürliche Vorkommen
Escherichia coli Kolibakterium	15–11	34–45	Wachstumsbereich
Bewohner heißer Quellen:			
Bacillus stearothermophilus	37	70	Wachstumsbereich, fakultativ thermophil
Thermus aquaticus	45	85–90	Wachstumsbereich, obligat thermophil
Cyanobakterien, z. B. *Synechococcus*		70	
Eukaryotische Algen			
Cyanidium caldarium *Raphidonia nivale*		55	
(Schnee-Alge)	−2	10	Wachstumsbereich, extrem psychrophil[0]
Fucus vesiculosus (Blasentang)	−18 bis −20	30	
Tropische Meeresalgen	16–5	32–35	Maximale Temperaturresistenz in gut wasserversorgtem Zustand[1]
Algen kalter Meere	um −2	22–26	Maximale Temperaturresistenz in gut wasserversorgtem Zustand[1]
Algen der Gezeitenzone	−10 bis −70	36–42	Maximale Temperaturresistenz in gut wasserversorgtem Zustand[1]
Süßwasseralgen	−5 bis −20	40–50	Maximale Temperaturresistenz in gut wasserversorgtem Zustand[1]

[0] psychrophil = kälteliebend, [1] Schädigung nach wenigstens 2-stündiger Kälteeinwirkung, [2] Schädigung nach 30-minütiger Hitzeeinwirkung, [3] Grenztemperatur bei 50 % Schädigung nach wenigstens 2-stündiger Kälteeinwirkung bzw. 30-minütiger Hitzeeinwirkung. Angaben aus Lexikon der Biologie, 1992

Systematische und ökologische Großgruppen *Art* (Deutscher Name)	Minimum (°C)	Maximum (°C)	Bemerkungen
Flechten			Maximale Temperaturresistenz
	−80 bis −196	35–45	a) in gut wasserversorgtem Zustand
	−196	70–100	b) in Trockenstarre[2]
Moose			
Waldboden-Moose			Maximale Temperaturresistenz
	−15 bis −25	40–50	a) in gut wasserversorgtem Zustand[1]
		80–95	b) in Trockenstarre[2]
Fels-Moose			Maximale Temperaturresistenz
	−30		a) in gut wasserversorgtem Zustand[1]
	−196	100–110	b) in Trockenstarre[2]
Farne			Maximale Temperaturresistenz
	−20	47–50	a) in gut wasserversorgttem Zustand[1]
	−196	60–100	b) in Trockenstarre[2]
Samenpflanzen der Tropen			
Bäume	5 bis −2	45–55	Temperaturresistenz der Assimilationsorgane[3]
Krautige Blütenpflanzen	5 bis −2	45–48	Temperaturresistenz der Assimilationsorgane[3]
Hochgebirgspflanzen	−5 bis −10	um 45	Temperaturresistenz der Assimilationsorgane[3]
Samenpflanzen der Subtropen			
derblaubige Holzpflanzen	−8 bis −12	50–60	Temperaturresistenz der Assimilationsorgane[3]
Subtropische Pflanzen	−5 bis −14	55–60	Temperaturresistenz der Assimilationsorgane[3]

[0]psychrophil = kälteliebend, [1]Schädigung nach wenigstens 2-stündiger Kälteeinwirkung, [2]Schädigung nach 30-minütiger Hitzeeinwirkung, [3]Grenztemperatur bei 50 % Schädigung nach wenigstens 2-stündiger Kälteeinwirkung bzw. 30-minütiger Hitzeeinwirkung. Angaben aus Lexikon der Biologie, 1992

Systematische und öko- logische Großgruppen *Art* (Deutscher Name)	Minimum (°C)	Maximum (°C)	Bemerkungen
Sukkulenten	−5 bis −10	58–65	Temperaturresistenz der Assimilationsorgane[3]
C_4-Gräser	−1 bis −8	60–64	Temperaturresistenz der Assimilationsorgane[3]
Samenpflanzen der **gemäßigten Zone**			
mediterrane Hartlaub- pflanzen	−6 bis −13	50–55	Temperaturresistenz der Assimilationsorgane[3]
Wasserpflanzen	um −10	38–42	Temperaturresistenz der Assimilationsorgane[3]
krautige Blütenpflanzen Mitteleuropas	−10 bis −20	40–52	Temperaturresistenz der Assimilationsorgane[3]
Datura stramonium (Stechapfel)		47	Für alle hier angegebenen krautigen Blütenpflanzen Mitteleuropas gilt: Mehr als 50% aller Pflanzen waren nach 30-minütiger Erhitzung (in feuchter Atmosphäre) unverletzt.
Impatiens parviflora (Kleinblütiges Spring- kraut)		41,5	s. o.
Oxalis acetosella (Wald-Sauerklee)		40,5	s. o.
Sedum acre (Scharfer Mauerpfeffer)		48,5–49,5	s. o
Verbascum thapsus (Kleinblütige Königs- kerze)		48,5	s. o.
Samenpflanzen winter- **kalter Gebiete**			
Immergrüne Koniferen	−40 bis −90	44–50	Temperaturresistenz der Assimilationsorgane[3]
Alpine Zwergsträucher	−20 bis −70	48–54	Temperaturresistenz der Assimilationsorgane[3]

[0]psychrophil = kälteliebend, [1]Schädigung nach wenigstens 2-stündiger Kälteeinwirkung,
[2]Schädigung nach 30-minütiger Hitzeeinwirkung, [3]Grenztemperatur bei 50% Schädigung
nach wenigstens 2-stündiger Kälteeinwirkung bzw. 30-minütiger Hitzeeinwirkung. Angaben
aus Lexikon der Biologie, 1992

2.4.4 Lebewesen heißer Quellen

Wissenschaftlicher Name	Deutscher Name	Temperatur (°C)	Ort
Oscillatoria sp.	(Cyanobakterium)	98	Island
Protococcus sp.	(einzellige Alge)	90	Geysire, Lake County, Kalifornien (USA)
Anguillulidae	(Älchen, Nematoda)	81	Ischia (Italien)
Oscillatoria sp.		75	Himalaya
Stratiomys sp.	(Waffenfliegen-Larve)	69	Gunneson County, Colorado (USA)
Oscillatoria sp.		54–68	Yellowstone Park, Wyoming (USA)
Oscillatoria sp.		60–65	Geysire, Lake County, Kalifornien (USA)
Oscillatoria sp.		60–65	Arkansas (USA)
Oscillatoria sp.		60	Ischia (Italien)
Chroococcus sp.	(Cyanobakterium)	51–57	Bentons, Kalifornien (USA)
Anabaena thermalis	(Cyanobakterium)	57	Dax, warme Quelle (Landes, Frankreich)
Oscillatoria sp.		57	Constantine (Algerien)
Leptothrix sp.	(Bakterium mit einer Scheide)	44–54	Karlsbad (CSFR)
Paludina sp.	(Deckelschnecken-Art, Viviparidae)	50	Albano, Padua (Italien)

Angaben aus Lexikon der Biologie, Band 10, 1992

2.4.5   Kältegrenzwerte für ausgewählte Pflanzen und Organismen

Die Temperatur wird in Kelvin angegeben.

Pflanzen	Kältetod bei
Gurken	276–275 K
Bohnen, Tomaten	274–272 K
Mais, Hirse	270 K
Ackerbohnen	269 K
Sommergerste	267 K
Hafer	267 K
Sommerweizen	267 K
Futterrüben, Zuckerrüben	266 K
Erbsen	266 K
Wintergerste	261–259 K
Winterweizen	259–253 K
Rosen	255 K
Winterroggen	255–248 K
Weinreben	252 K
Eichen	248 K
Buchen	248 K
Pflaumenbaum, Kirschbaum	242 K
Apfelbaum, Birnbaum	240 K
Kieselalgen	73 K
Bakteriensporen (Kokken)	73–23 K

Angaben aus Blume, 1990

2.4.6   Temperaturgrenzen für die Keimung von Samen und Sporen einiger Organismengruppen

Die Angaben beziehen sich auf mittlere Werte.

Pflanzengruppe	Kältegrenze °C	Optimale Temperatur °C	Hitzegrenze °C
Pilzsporen			
Pflanzenpathogene Pilze	0–5	15–30	30–40
Mehrzahl der Bodenpilze	um 5	um 25	um 30
Thermophile Bodenpilze	um 25	45–55	um 60
Gräser			
Wiesengräser	3–4	um 25	um 30
Getreide im gemäßigten Klima	2–5	20–25	30–37
Reis	10–12	30–37	40–42
C$_4$-Gräser der Tropen und Subtropen	10–20	32–40	45–50
Zweikeimblättrige Kräuter			
Wiesenkräuter	2–5	20–30	35–45
Kulturpflanzen im gemäßigten Klima	1–3	15–25	30–40
Kulturpflanzen der Tropen und Subtropen	10–20	30–40	45–50
Pflanzen von Tundra und Hochgebirge	5–10	20–30	
Wüstenpflanzen			
Sommer-Keimer	um 10	20–30	
Winter-Keimer	um 0	10–20	um 30
Kakteen	um 10	15–30	
Gehölze im gemäßigten Klima			
Nadelhölzer	4–10	15–25	35–40
Laubbäume	unter 10	20–30	

Angaben aus Lerch, 1991

2.4.7 Temperaturgrenzen für die Nettophotosynthese bei Lichtsättigung und natürlichem CO_2-Angebot

Die Erläuterungen zu C_3, C_4 und CAM-Pflanzen finden sich bei Abschn. 6.2.7.

Pflanzengruppe	Kältegrenze °C	Optimale Temperatur °C	Hitzegrenze °C
Krautige Blütenpflanzen			
C_4-Pflanzen heißer Standorte	+5 bis +7	35–45	50–60
C_3-Nutzpflanzen	−2 bis 0	20–30	40–50
Sonnenkräuter	−2 bis 0	20–30	40–50
Schattenkräuter	−2 bis 0	10–20	um 40
Wüstenpflanzen	−5 bis +5	20–35	45–50
CAM-Pflanzen (nächtliche CO_2-Fixierung)	−2 bis 0	5–15	25–30
Winterannuelle	−7 bis −2	10–20	30–40
Frühjahrsblüher	−7 bis −2	10–20	30–40
Hochgebirgspflanzen	−7 bis −2	10–20	30–40
Gehölze			
Immergrüne tropische Holzpflanzen	0 bis +5	25–30	45–50
Hartlaubgehölze aus Trockengebieten	−5 bis −1	15–35	42–45
Sommergrüne Laubbäume im gemäßigten Klima	−3 bis −1	15–25	40–45
Immergrüne Nadelhölzer	−5 bis −3	10–25	35–42
Zwergsträucher von Heide und Tundra	um −3	15–25	40–45
Mangrovegehölze		25–30	um 40
Moose			
Arktis und Antarktis	um −8	um 5	um 40
Flechten			
Kalte Gebiete	−25 bis −10	5–15	20–30
Wüsten	um −10	18–20	38–40
Tropische Zonen	−2 bis 0	um 20	

Angaben aus Lerch, 1991

Pflanzengruppe	Kältegrenze °C	Optimale Temperatur °C	Hitzegrenze °C
Algen			
Schneealgen	um −5	0–10	um 30
Thermophile Algen	+20 bis +30	45–55	um 65

Angaben aus Lerch, 1991

2.4.8   Obere Temperaturgrenzen ausgewählter Wirbeltiere

In der Spalte „Verhalten" ist eingetragen, wie der Organismus auf die angegebene Temperatur reagiert.

Art	Temperatur	Verhalten
Fische		
Barsch (*Perca fluviatalis*)	+23–25 °C	stirbt
Forelle (*Trutta fario*) jüngere Tiere	26 °C	stirbt
Forelle (*Trutta fario*) ältere Tiere	27 °C	überlebt
Hecht (*Esox lucius*)	27 °C	stirbt
Karpfen (*Cyprinus carpio*)	35 °C	wird ertragen
Weißfische (*Leuciscus spec.*)	26–28 °C	sterben bei schnellem Erwärmen
Weißfische (*Leuciscus spec.*)	29–30 °C	sterben bei langsamen Erwärmen
Seeskorpion (*Myoxocephalus greenlandicus*)	27 °C	stirbt
Zitterwels (*Malapterurus electricus*)	37 °C	stirbt
Gründling (*Fundulus heteroclitus*)	35 °C	tödlich; wird nach Vorgewöhnung bei 27 °C unbegrenzt ertragen
Amphibien		
Leopardfrosch (*Rana pipiens*)	18 °C	lebt unbegrenzt
Leopardfrosch (*Rana pipiens*)	19–40 °C	stirbt nach verschieden langer Zeit
Kröte (*Bufo lentiginosus*)	40,3 °C	Wärmestarre der bei 15 °C gehaltenen Kaulquappen

Angaben aus Daten und Fakten Biologie, 1979

Art	Temperatur	Verhalten
Kröte (*Bufo lentiginosus*)	43,5 °C	Wärmestarre der bei 25 °C gehaltenen Kaulquappen
Wasserfrosch (*Rana esculenta*)	37–39 °C	nicht erregbar, aber keine Wärmestarre
Kloakentiere		
Schnabeltier (*Ornithorhynchus anatinus*)	35 °C	wird bewusstlos
Ameisenigel (*Tachyglossus aculeatus*)	37 °C	stirbt
Beuteltiere (Marsupialia; Gattung *Bettoniga*)	40 °C	wird bewusstlos
Säuger, Mammalia		
Kaninchen	44–45 °C	Todestemperatur bei langsamer Erwärmung
Hund	44–45 °C	Todestemperatur bei langsamer Erwärmung

Angaben aus Daten und Fakten Biologie, 1979

2.4.9 Körpertemperatur einiger Polartiere und die Temperaturdifferenz zu ihrer Umgebungstemperatur

Tierart	Körpertemperatur	Außentemperatur	Unterschied
Polarfuchs	38,3 °C	−35,6 °C	73,9 °C
Polarfuchs	41,1 °C	−35,6 °C	76,7 °C
Polarfuchs	39,4 °C	−32,8 °C	72,2 °C
Wolf	40,5 °C	−32,8 °C	73,3 °C
Schneehase	38,3 °C	−29,4 °C	67,7 °C
Schneehuhn	42,4 °C	−19,7 °C	62,1 °C
Schneehuhn	43,3 °C	−38,8 °C	82,1 °C
Schneehuhn	43,3 °C	−35,8 °C	79,1 °C

Angaben aus Daten und Fakten Biologie, 1979

2.4.10 Temperaturunterschiede zwischen Fischen und der Temperatur ihres Lebensraumes

Die Messungen erfolgten in der Kloake der Fische.

Fischart	Wassertem-peratur °C	Fisch wärmer als das Wasser um °C		
		Minimum	Maximum	im Mittel
Kabeljau (*Gadus morrhua*)	11,2–11,4	0,2	0,7	0,4
Leng (*Molva molva*)	11,2–11,4	0,4	0,6	0,56
Plattfische (*Pleuronectes*)	4,6–6,8	0,0	0,2	0,028
Hering (*Clupea harengus*)		0,0	0,2	0,06
Katzenhai (*Scyliorhinus catulus*)		0,0	0,0	0,0

Angaben aus Daten und Fakten Biologie, 1979

2.5 Radioaktivität

2.5.1 Größen und Einheiten für Radioaktivität und Strahlung

Größe	Gesetzliche Einheit (SI-Einheit)	Größendefinition	alte Einheit	Einheitenzeichen	Umrechnung
Aktivität	Becquerel Einheitenzeichen: Bq1 $Bq = 1\,s^{-1}$	Anzahl radioaktiver Kernumwandlungen durch Zeit	Curie	Ci	$1\,Ci = 3,7 \times 10^{10}\,Bq$
Energiedosis	Gray Einheitenzeichen: Gy $1\,Gy = 1\,J/kg$	Gesamte in einem Massenelement absorbierte Strahlungsenergie geteilt durch dieses Massenelement	Rad	rd	$1\,rd = 10^{-2}\,Gy$
Äquivalentdosis	Sievert Einheitenzeichen: Sv $1\,Sv = 1\,J/kg$	Energiedosis multipliziert mit dem dimensionslosen Bewertungsfaktor der vorliegenden Strahlenart	Rem	rem	$1\,rem = 10^{-2}\,Sv$
Ionendosis	Coulomb durch Kilogramm Einheitenzeichen: C/kg	Elektrische Ladung eines Vorzeichens in einem luftgefüllten Volumenelement erzeugten Ionen, dividiert durch die Masse der darin enthaltenen Luft	Röntgen	R	$1\,R = 2,58 \times 10^{-4}\,C/kg$
Energiedosisleistung	Gray durch Sekunde (bzw. Gray durch Stunde) Einheitenzeichen: Gy/s (bzw. Gy/h)	Energiedosis durch Zeit	Rad durch Sekunde (bzw. Rad durch Stunde)	rd/s rd/h	$1\,rd/s = 10^{-2}\,Gy/s$ $1\,rd/h = 10^{-2}\,Gy/h$

Angaben aus Strahlenschutzkommission, 1987

Größe	Gesetzliche Einheit (SI-Einheit)	Größendefinition	alte Einheit	Einheiten-zeichen	Umrechnung
Äquivalent-dosisleis-tung	Sievert durch Sekunde (bzw. Sievert durch Stunde) Einheitenzeichen: Sv/s (bzw. Sv/h)	Äquivalentdosis durch Zeit	Rem durch Sekunde	rem/s	$1\,rem/s = 10^{-2}\,Sv/s$
			(bzw. Rem durch Stunde)	rem/h	$1\,rem/h = 10^{-2}\,Sv/h$
Ionendosis-leistung	Ampere durch Kilo-gramm Einheitenzeichen: A/kg	Ionendosis durch Zeit	Röntgen durch Sekunde	R/s	$1\,R/s = 2{,}58 \times 10^{-4}\,A/kg$
			(bzw. Rönt-gen durch Stunde)	R/h	$1\,R/h = 7{,}17 \times 10^{-8}\,A/kg$

Angaben aus Strahlenschutzkommission, 1987

2.5.2   Die Halbwertszeit einiger Isotope

Anordnung der Isotope nach der Halbwertszeit

Isotop	Halbwertszeit
Stickstoff ^{16}N	7,35 Sekunden
Brom ^{85}Br	3 Minuten
Natrium ^{24}Na	14,8 Stunden
Gold ^{198}Au	64,8 Stunden
Jod ^{131}J	8 Tage
Schwefel ^{35}S	87,1 Tage
Calcium ^{45}Ca	164 Tage
Kobalt ^{60}Co	5,27 Jahre
Krypton ^{85}Kr	10,76 Jahre
Tritium ^{3}H	12,26 Jahre
Strontium ^{90}Sr	28 Jahre
Caesium ^{137}Cs	30 Jahre
Radium ^{226}Ra	1620 Jahre
Kohlenstoff ^{14}C	5600 Jahre
Kalium ^{40}K	1,3 Mrd. Jahre
Thorium ^{232}Th	10 Mrd. Jahre

Angaben aus Rodgers, 1974

2.5.3   Bodenbelastungen mit Cäsium-137 und Strontium-90 nach dem Reaktorunfall von Tschernobyl am 26. April 1986

Die Strahlenbelastung nach dem Reaktorunfall von Tschernobyl ist besonders gut dokumentiert, da sie auch Teile Mitteleuropas, insbesondere die südlichen Landesteile, erfasste.

Zur Reaktorkatastrophe von Fukushima am 11. März 2011 ist das Zahlenmaterial komplexer dokumentiert und lässt sich nicht in einer einfachen Tabelle wiedergeben.

Die Angaben erfolgen in Bq/m^2.

Ort	Cs-137	Sr-90
Umgebung von Jülich	ca. 1800	82
Hambach (Raum Aachen)	1370	82
Karlsruhe	1400	16
München	25.000	210
Mainz	ca. 180	ca. 1
zum Vergleich:		
durch Atombomben-Fallout	ca. 5040	ca. 3150

Angaben aus Katalyse „Strahlung im Alltag", 1987

2.5.4   Messwerte für Cäsium-137 aus der Pilzsaison 1986

Pilze reichern die Isotope stark an und wurden deshalb nach der Reaktorkatastrophe von Tschernobyl besonders intensiv untersucht.

Die Angaben erfolgen in Bq/kg Frischgewicht.

Herkunft	Monat	Pilzart	Cs-137
Bremer Umland	Mai	Braunkappe	70
	September	Krause Glucke	2
		Wiesenchampignon	1–7
		Steinpilz	21–170
		Rotfußröhrling	390–1360
		Maronen	170–580
		Birkenpilz	505–1470

Angaben aus Katalyse „Strahlung im Alltag", 1987

Herkunft	Monat	Pilzart	Cs-137
Niedersachsen	Ende September	Maronen	139–877
		Steinpilz	31–34
		Schwefelkopf	104–443
	Oktober	Steinpilz	29
		Perlpilz	76
		Maronen	239–608
		Sandröhrling	81
		Schopftintling	2
Baden-Württemberg	–	Frühjahrmorchel	6
	Ende Juni	Pilzmischung	84
		Wiesenchampignon	3,7
		Schuster- und Perlpilz	21
		Braunkappe	193–512
		Austernseitling	380
		Pfifferling	11,6
	September	Maronen	14.000
Bayern	Anfang Mai	„Pilze"	bis 35
	Anfang Juli	Kulturträuschling	2100
	September	Maronen	1470
		Mischpilze, Ober-pfalz	14.770
Österreich	Juni	Champignon	3,7
		Herrenpilz	26–33
		Wiesenchampignon	11
		Pfifferling	74
		Riesenbovist	26 (nicht essbar)
		Braunkappe	37
		Morchel	22
		Sandröhrling	492
		Parasolpilz	41
		Austernpilz	−3,7

Angaben aus Katalyse „Strahlung im Alltag", 1987

2.5.5 Akute Strahlenschäden nach kurzzeitiger Bestrahlung

Die Symptome beziehen sich auf den Menschen.
Die Angabe der Strahlendosis erfolgt in Sievert (Sv).

0–0,5 Sv	keine akuten Strahlenschäden, außer geringfügigen Blutbildveränderungen. Aber: Spätschäden wahrscheinlich.
0,5–1,0 Sv	Veränderungen des Blutbildes, Hautrötungen, vereinzelt Übelkeit, Erbrechen, nach einigen Tagen: Haarausfall.
1,0–2,0 Sv	Schädigung des Knochenmarks und Immunsystems. Erbrechen, Übelkeit, schlechtes Allgemeinbefinden, wenige Todesfälle.
2,0–4,0 Sv	20 % der Bestrahlten sterben innerhalb 2–6 Wochen. Überlebende brauchen 3 Monate zur Gesundung.
4,0–5,0 Sv	Schwere Einschränkungen des Allgemeinbefindens, schwere Störung der Blutbildung. Stark erhöhte Infektionsbereitschaft, Fieber, etwa 50 % Todesfälle innerhalb von 4 Wochen. Überlebende brauchen 6 Monate zur Gesundung.
5,0–7,5 Sv	zusätzlich schwere Störungen des Magendarmtrakts, blutig-schleimige Durchfälle, innere und äußere Blutungen. Geschwüre im Mund/Rachenbereich; Überlebensrate gering.
7,5–10 Sv	Nahezu 100 % Sterblichkeit.
50 Sv	fast augenblicklich einsetzende schwerste Krankheit: Tod aller Bestrahlten in einer Woche.
100 Sv	Lähmung und schneller Tod durch Ausfall des Zentralnervensystems.

Angaben aus Katalyse Umweltlexikon, 2. Aufl. 1993

2.6 Ökofaktoren Wind und Feuer

Wind kann vor allem in exponierten Lagen (z. B. Küste, Gebirge) einen erheblichen Einfluss auf die Ansiedlung von Lebewesen oder bei Pflanzen auch auf die Gestalt (z. B. Windschur) haben.

2.6.1   Schätzung der Windgeschwindigkeit nach der Beaufort-Skala

Die Angaben in $m \times sec^{-1}$ beruhen auf Messungen in 10 m Höhe über dem Boden.

Beaufort-Skala	Bezeichnung	Windwirkung	Windgeschwindigkeit in $m \cdot s^{-1}$
0	windstill		0 bis 0,5
1	leiser Zug	Windrichtung angezeigt nur durch leicht abgelenkten Rauch, aber nicht durch eine Windfahne	0,3 bis 1,5
2	leichte Brise	schwache Bewegung von Blättern; hebt leichten Wimpel am	1,8 bis 3,3
3	schwache Brise	bewegt Blätter und dünne Zweige, streckt einen Wimpel	3,4 bis 5,4
4	mäßige Brise	bewegt dünne Zweige und Äste; wirbelt Staub auf	5,5 bis 7,9
5	frische Brise	bewegt größere Äste und kleine Bäume	8,0 bis 10,7
6	starker Wind	bewegt stärkere Äste; wird an Häusern und anderen festen Gegenständen hörbar	10,8 bis 13,8
7	steifer Wind	bewegt Bäume; fühlbarer Widerstand beim Gehen gegen den Wind	13,9 bis 17,1
8	stürmischer Wind	bricht Zweige ab; erheblicher Widerstand beim Gehen gegen den Wind	17,2 bis 20,7
9	Sturm	bricht größere Äste ab; beschädigt Hausdächer	20,8 bis 24,4
10	schwerer Sturm	entwurzelt Bäume; bedeutende Schäden an Häusern	24,5 bis 28,4
11	orkanartiger Sturm	zerstörende Wirkungen schwerer Art	28,5 bis 32,6
12	Orkan	schwerste Verwüstungen	32,7 bis 36,9

Angaben aus Steubing und Fangmeier, 1992

2.6.2 Auswirkungen von Feuer auf die Streuauflage des Bodens

In einigen Regionen der Erde (Australien, Kalifornien u. a.) kommt es regelmäßig zu großflächigen Bränden, vor allem in den Waldregionen. Natürlicherweise entstandene Feuer entwickeln sich meist als Flächenbrände am Boden. Diese wirken sich ökologisch nicht so verhängnisvoll aus wie Kronenbrände. In einigen Ökosystemen sind sie sogar notwendig, damit sich die Zapfen einiger Koniferen öffnen und die Samen frei geben.

Entstehende Temperatur am Boden	Auswirkungen
> 1000 °C (beim Brand harzreicher Nadelhölzer möglich)	alles (auch Stämme) wird vernichtet
> 300 °C	gesamte Streu verbrennt
180–300 °C	Hälfte der Streu verbrennt
< 180 °C	Streu nur angesengt
> 90–180 °C	Grasbrände

Angaben aus Lerch, 1991

Literatur

AIP Conference Proceedings 247 (Hrsg.: B. Goss Levi, D. Hafenmeister, R. Scribner): Global Warming: Physics and Facts. American Institute of Physics, New York, 1992

Ahlheim, K.-H. (Hrsg.): Wie funktioniert das? Die Umwelt des Menschen. Meyers Lexikonverlag, Mannheim 1989

Altevogt, R.: Daten und Fakten Biologie. Bertelsmann, Gütersloh 1979

Arbeitsgruppe Oberkircher Lehrmittel (AOL), R. Didszuweit (Hrsg.): Unterrichtsmaterialien Umwelt 2000. Lichtenau 1988

Blume. H.-P.: Handbuch des Bodenschutzes. Landsberg/ Lech 1990

Daten zur Umwelt, Bundesumweltamt, 1990/91

Drutjons, P.: Der Treibhauseffekt. Unterricht Biologie, 15. Jg. 1991, H. 162, S. 39-45

Heinrich, D. u. M. Hergt: dtv-Atlas Ökologie, Stuttgart 1990

Katalyse e.V. (Hrsg.): Strahlung im Alltag. 3. Aufl. Frankfurt/M. 1987

Katalyse e.V. (Hrsg.): Umweltlexikon. Köln 1988

Katalyse e.V. (Hrsg.): Umweltlexikon. 2. Aufl., Köln 1993

Klötzli, F.: Ökosysteme. 3. Aufl. Stuttgart 1993

Lachmann: Luftverunreinigung – Luftreinhaltung. Berlin u. Hamburg 1991

Lerch, G.: Pflanzenökologie. Berlin Akademie-Verlag 1991

Lexikon-Institut Bertelsmann (Hrsg.): Daten + Fakten zum Nachschlagen, Biologie. Gütersloh, 1979

Lexikon der Biologie, Schmitt, M. (Hrsg.): Band 10. Freiburg 1992

Merck, E. (Hrsg.): Aquamerck 11 107, Sauerstoff; Beipackzettel

Odum, E. P.: Prinzipien der Ökologie. Heidelberg 1991

Purves u.a.: Biologie, Spektrum, 2011

Rodgers, C. L. u. R. E. Kerstetter: The Ecosphere. Harper & Raw, Publishers, N.Y., London 1993

Scheffer, F. u. P. Schachtschabel: Lehrbuch der Bodenkunde. Stuttgart 1992

Schubert, R. (Hrsg.): Lehrbuch der Ökologie. Jena 1984

Schultz, J.: Die Ökozonen der Erde. Stuttgart 1988

Schumann, W.: Knauers Buch der Erde. Stuttgart 1988

Steubing, L. u. A. Fangmeyer: Pflanzenökologisches Praktikum. Stuttgart 1992

Strahlenschutzkommission, Veröffentlichungen der, Band 7. Stuttgart 1987

Walter, H. u. S. Breckle: Ökologie der Erde, Band 1 - 3. Stuttgart 1983 ff

Wittig, R.: Wasser, Lösungsmittel, Lebensraum und Ökofaktor. Wiesbaden. 1979

Terrestrische Ökosysteme

3

Das Kapitel enthält Angaben und Tabellen zu den wichtigsten terrestrischen Ökosystemen.

3.1 Waldökosysteme der gemäßigten Breiten

Dieses Kapitel enthält Angaben zu Waldökosystemen der gemäßigten Klimazone, deren Ausdehnung, zum Holz und zu den Waldschäden.

3.1.1 Die Waldentwicklung in Mitteleuropa nach der letzten Eiszeit

Die römischen Ziffern in der Spalte „Waldform" bezeichnen die aufeinanderfolgenden Stadien der Waldentwicklung nach der letzten Eiszeit. In Süddeutschland war dies die Würm-Kaltzeit, die von ca. 10.000 Jahren endete. Das Pendent in Norddeutschland, die Weichsel-Kaltzeit, endete vor ca. 11.700 Jahren.

Jahre vor heute	Zeit	Waldform
1000	Subatlantikum	XII Kulturforste Weide-, Wiesen- und Ackerland
2000		IX Buchenwald
3000	Subboreal	X Buchen- und Eichenwald
4000		IX Eichenmischwald mit hohem Eichenanteil
5000		

Angaben aus Schumann, W.: Knauers Buch der Erde, 1974

© Springer-Verlag Berlin Heidelberg 2016
D. Kalusche, *Ökologie in Zahlen*, DOI 10.1007/978-3-662-47987-2_3

Jahre vor heute	Zeit	Waldform
6000 7000	Atlantikum	VIII Eichenmischwald mit hohem Anteil an Ulmen und Linden
8000	Boreal	VII ausgedehnte Haselhaine
9000		VI Hasel- und Kiefernwald
10.000	Präboreal	V Birken- und Kiefernwald
	jüngere subarktische Zeit	IV baumarme Tundren
11.000	mittlere subarktische Zeit	III Birken- und Kiefernwald
12.000	ältere subarktische Zeit	II baumarme Tundren
	älteste arktische Zeit	I baumlose Tundren

Angaben aus Schumann, W.: Knauers Buch der Erde, 1974

3.1.2 Die potenzielle natürliche Vegetation einiger mittel- bzw. westeuropäischer Länder

Vegetationsform	Anteil in Prozent der Landesfläche					
	Staat	Belg.	NL	D	CH	A
Alpine, subnivale und subalpine Vegetation		(−)	(−)	0,12	30,3	17,39
Nadelwälder		(−)	(−)	1,26	14,9	18,35
Bodensaure Eichen-mischwälder		12,35	16,26	10,43	1,20	1,80
Eichen-Hainbuchenwälder		32,70	5,24	10,57	3,01	12,43
Buchen- und Buchen-mischwälder		48,21	24,45	66,35	44,1	39,42
Bruch- und Sumpf-wälder		(−)	10,00	1,58	(−)	0,06
Auen- und feuchte Niederungswälder		6,21	34,85	8,78	0,77	2,81
Vegetation weiterer Sonderstandorte		0,54	2,69	0,60	2,54	7,23

Belg. = Belgien, NL = Niederlande, D = Deutschland, CH = Schweiz, A = Österreich.
Angaben aus Wittig, Geobotanik, 2012

3.1.3 Der Anteil der Bundesländer an der Waldfläche der Bundesrepublik Deutschland

Bundesländer (BL)	Gesamtfläche des BL in 1000 ha	Waldfläche des BL in 1000 ha	Bewaldung in %
Schleswig-Holstein	1580,0	162,5	10,3
Niedersachsen (mit HH u. HB)	4761,4	1162,5	23,8
Nordrhein-Westfalen	3411,0	887,5	26
Hessen	2111,5	880,3	41,7
Rheinland-Pfalz	1985,4	835,6	42,1
Baden-Württemberg	3571,0	1362,2	38,1
Bayern	7055,0	2558,5	36,1
Saarland	256,9	98,5	38,3
Berlin[a]	89,2	15,0	15,96
Bremen[a]	41,9	0,0	0,00
Hamburg[a]	75,5	3,4	4,50
Mecklenburg-Vorpommern	2312,2	535,0	21,16
Brandenburg (u. Berlin)	2965,4	1071,7	35,3
Sachsen	1842,0	511,6	27,8
Sachsen-Anhalt	2075,0	492,1	24,1
Thüringen	1617,3	517,9	32
Bundesrepublik Deutschland	**35.734,0**	**11.075,9**	**30,08**

[a] In den Daten zur zweiten Waldinventur in andere Bundesländer integriert. Angaben ursprünglich aus Engelhardt, 1993; überarbeitet nach den Angaben der 2. Bundeswaldinventur (2001/2002), nach Angaben Stiftung Unternehmen Wald, abgerufen am 14.05.2015. Die Zahlen zur Größe der Bundesländer stammen von den Statistischen Ämtern des Bundes und der Länder, Stand 04.11.2014

Seit der ersten Bundeswaldinventur von 1987 hat die Waldfläche in den alten Bundesländern um 54.000 ha (0,7 %) zugenommen. Dabei stieg der Anteil von Laubbäumen um 4,8 %, während der Anteil an Nadelbäumen um 4,8 % abgenommen hat. (Der Anteil der Tanne und der Douglasie hat sich jedoch um 0,1 bzw. 0,5 % erhöht).

3.1.4 Zusammensetzung der Waldfläche der Bundesrepublik nach Baumarten

Bundesland	Eiche	Buche und anderes Laubholz	Kiefer, Lärche	Fichte und anderes Nadelholz
	%	%	%	%
Schleswig-Holstein	11,0	33,0	19,0	37,0
Hamburg	3,0	5,0	74,0	18,0
Bremen	0,0	0,0	0,0	0,0
Mecklenburg-Vorpommern	6,2	32,2	49,8	11,8
Niedersachsen	7,0	22,0	50,0	21,0
Berlin	22,1	20,9	57,0	0,0
Brandenburg	3,5	11,6	82,3	2,6
Sachsen	5,0	15,2	35,0	44,8
Sachsen-Anhalt	10,6	21,1	53,4	14,9
Thüringen	5,2	24,7	22,2	47,9
Nordrhein-Westfalen	13,0	26,0	16,0	45,0
Hessen	11,0	36,0	24,0	29,0
Rheinland-Pfalz	13,0	28,0	24,0	35,0
Saarland	20,0	38,0	13,0	29,0
Baden-Württemberg	6,0	28,0	12,0	54,0
Bayern	3,0	13,0	32,0	52,0
Zusammen	**7,0**	**22,1**	**34,7**	**36,2**

Angaben aus Engelhardt, 1993

3.1.5   Einige Fakten zum Wald

PEFC ist die größte Institution zur Sicherstellung und Vermarktung nachhaltiger Waldbe-
wirtschaftung durch ein unabhängiges Zertifizierungssystem. Holz und Holzprodukte mit
dem PEFC-Siegel stammen nachweislich aus ökologisch, ökonomisch und sozial nachhaltiger Forstwirtschaft (eigene Angabe der PEFC).

Gesamtwaldfläche der Bundesrepublik	11,1 Mio. ha (entspricht 32 % der Landesfläche)	
Bundesländer mit dem größten Waldanteil	Rheinland-Pfalz	42,1 %
	Hessen	41,7 %
Besitzaufteilung des deutschen Waldes	Privatbesitz	44 %
	Bundesländer	~30 %
	Kommunen	~20 %
	Bund	3,5 %
	Treuhandwald (gehörte der ehem. DDR)	3,7 %
Im deutschen Wald gibt es ca. 1215 Pflanzenarten, darunter 90 Baum- und Straucharten	Fichte	26 %
	Kiefer	23 %
	Rot-Buche	16 %
	Eichen	9 %
Schutzanteile der deutschen Wälder (mehrfache Auswei-sung möglich)	Landschaftsschutzgebiete	47 %
	Naturparks	38 %
	Natura-2000 Gebiete	24 %
	Naturschutzgebiete	6 %
	Biosphärenreservate	4 %
	Nationalparks	1 %

Angaben aus PEFC Deutschland, dort aus div. Quellen, Stand 11.03.2015, (abgerufen am
14.05.2015)

Jedes Jahr wachsen in deutschen Wäldern 110 Mio. m^3 Holz nach;
Davon werden jährlich geerntet 64 Mio. m^3.
Der Wald speichert jährlich 2,6 Mrd. Tonnen Kohlenstoff.

3.1.6   Die wichtigsten Baumarten Mitteleuropas

	Angaben in % der Forstfläche		
Gattung/Art	Deutschland	Österreich	Schweiz
Rot-Buche (*Fagus sylvatica*)	14,8	10,1	18,3
Eichen (*Quercus spec.*)	9,6	1,8	2,1
Sonstige Laubhölzer	15,7	11,5	13,6
Fichte (*Picea spec.*)	28,2	53,3	39,7
Kiefer (*Pinus spec.*)	23,3	5,8	3,7
Sonstige Nadelhölzer	6,1	6,7	18,6

Angaben aus Wittig, Geobotanik, 2012

3.1.7   Der Bewaldungsgrad einiger europäischer Staaten

Die Angaben in % weisen den Waldanteil an der Gesamtfläche dieser Staaten aus. Die Staaten sind alphabetisch geordnet.

Die Daten der Landesfläche, der Waldfläche in km² und die Angaben zum Bewaldungsgrad stammen https://www.thueringen.de/imperia/md/content/tlug, dort Quelle: Eurostat; (*abgerufen am 14.05.2015*)

	Landesfläche in km²	Waldfläche in km²	Bewaldungsgrad	
			1993	2000
Belgien	30.528	6791	21,1 %	22,2
Dänemark	43.093	4863	11,4 %	11,3
Deutschland	357.031	105.314	29,0 %	29,5
Estland*)	45.228	19.189		42,4
Finnland*)	338.145	230.030		68,0
Frankreich	549.192	170.930	26,6 %	31,1
Griechenland	131.626	29.400	19,8 %	22,3

*) Die Angaben für Estland, Luxemburg und Spanien beziehen sich auf das Jahr 1990; für Finnland, Portugal und Schweden auf das Jahr 1995. Angaben aus Katalyse Umweltlexikon, 2. Aufl. 1993

	Landesfläche in km²	Waldfläche in km²	Bewaldungsgrad	
			1993	2000
Großbritannien und Nordirland	243.820	27.940	9,4 %	11,5
Irland	70.273	6498	4,7 %	9,2
Italien	301.333	68.531	22,3 %	22,7
Lettland	64.589	28.682		44,4
Litauen	65.300	19.723		30,2
Luxemburg*⁾	2586	950		36,7
Malta	315	13		4,1
Niederlande	41.526	3233	8,0 %	7,8
Österreich	83.859	34.333	38,2 %	40,9
Polen	312.685	91.221	27,9 %	29,2
Portugal	89.371	33.239	39,4 %	37,2
Spanien	504.790	159.596	31,2 %	31,6
Schweden*	450.000	302.590		67,2
Slowakei	49.038	20.013		40,8
Slowenien	20.273	12.175		60,1
Tschechische Republik	78.865	26.373		33,4
Ungarn	93.030	17.733		19,1
Zypern	9251	3855		41,7
Schweiz	41.285		25,5 %	
Gebiete der ehemaligen UdSSR			42,1 %	

*⁾ Die Angaben für Estland, Luxemburg und Spanien beziehen sich auf das Jahr 1990; für Finnland, Portugal und Schweden auf das Jahr 1995. Angaben aus Katalyse Umweltlexikon, 2. Aufl. 1993

3.1.8   Umtriebszeiten einiger Waldbäume

Umtriebszeit = Zeitraum, nach dem ein Bestand abgeholzt wird.

Holzart	Baumart	Umtriebszeit in Jahren
Laubholz	Hainbuche (*Carpinus betulus*) (H)	70–80
	Rot-Buche (*Fagus sylvatica*) (H)	100–140
	Gem. Esche (*Fraxinus excelsior*) (H)	70–80
	Schwarzpappel (*Populus nigra*) (W)	50–60
	Trauben-Eiche (*Quercus petraea*) (H)	140–240
	Stiel-Eiche (*Quercus robur*) H)	140–240
	Rot-Eiche (*Quercus rubra*) (H)	80–100
	Ulme (*Ulmus sp*ec.) (H)	70–80
H = Hartlaubholz im Allgemeinen		80–140
W = Weichlaubholz im Allgemeinen		60–80
Nadelholz	Weißtanne (*Abies alba*)	80–120
		130–140
	Europäische Lärche (*Larix decidua*)	100–140
	Japanische Lärche (*Larix kaempferi*)	60–80
	Fichte (*Picea spec.*)	80–130
	Kiefer (für Grubenholz) (*Pinus spec.*)	60–80
	Kiefer (für Bauholz) (*Pinus spec.*)	100–120
	Kiefer (Wertholz) (*Pinus spec.*)	120–140
	Weymouthkiefer (*Pinus strobus*)	60–80
	Douglasie (*Pseudotsuga menziesii*)	60–80
		100–120
Niederwald, durchschnittliche Umtriebszeit		5–30
Unterholz im Mittelwald, durchschnittliche Umtriebszeit		15–30

Angaben aus Lexikon Biologie, Band 10, 1992

3.1.9 Durchschnittlicher Holzzuwachs einzelner Baumarten

Die Tabelle gibt Durchschnittswerte an. In unseren Breiten kann der Holzzuwachs zwischen 3 und 20 m^3 pro ha und Jahr schwanken.

Baumart	Holzzuwachs in m^3 pro ha und Jahr
Douglasie	14 m^3
Tanne	11 m^3
Fichte	10 m^3
Buche	7 m^3
Lärche	7 m^3
Kiefer	6 m^3
Erle	6 m^3
Eiche	5 m^3

Angaben aus Katalyse Umweltlexikon, 2. Aufl. 1993

3.1.10 Artenzahlen in einem mitteleuropäischen Buchenwald

Organismengruppe	geschätzte Artenzahl
Pflanzenarten	4000
Algen	160
Schleimpilze	50
Flechten	280
Moose	190
Farne	15
Samenpflanzen	200
Tierarten	7000
Würmer	>380
Landschnecken	70
Spinnentiere und Bärtierchen	560
Asseln	26

Angaben aus „Wie funktioniert das?" Die Umwelt des Menschen

Organismengruppe	geschätzte Artenzahl
Tausendfüßer	60
Insekten	5200
Wirbeltiere	109
Bakterien	130
Einzeller	>350
Pilze	3000

Angaben aus „Wie funktioniert das?" Die Umwelt des Menschen

Damit finden sich ca. 20% der gesamten terrestrischen Flora und Fauna dieser geographischen Region in der Biozönose „Buchenwald".

3.1.11 Artenreichtum mitteleuropäischer Wiesen und Wälder

Alle Artenzahlen sind Mindest-Artenzahlen; es ist mit 2000–3000 Arten pro Lebensraum zu rechnen.

Es sind unterschiedlich große Areale zugrunde; n.b. = nicht erfasst

Taxon	**Halbtrocken-rasen**	**Hochgebirgs-wiese**	**Buchenwald**	**Fichtenwald**
	3 ha	**600 ha**	**1 ha**	**1 ha**
Bakterien	~100	42	11	11
Algen, Flechten; Moose, Farne	~15	706	35	24
Blütenpflanzen	~100	515	23	24
Pilze	~500	286	71	n.b.
Einzeller	n.b.	n.b.	49	49
Wirbellose	~1000	1302	484	690
Wirbeltiere	~20	123	119	117
gesamt	**1753**	**2974**	**781**	**904**

Angaben nach Nentwig et al., 2011

3.1.12 Wurzelschichtung in einem Laubwald

Die Tabelle zeigt, dass die oberirdische Schichtung eines Waldes sich auch im Bodenbereich fortsetzt. Damit wird eine optimale Nutzung des Lebensraumes Boden gewährleistet.

Wurzeltiefe cm	Pflanzentyp	Vertreter
2–5	Wurzelbodenpflanzen (Wurzeln vielfach in der Laubstreuschicht)	Busch-Windröschen (*Anemone nemorosa*)
		Scharbockskraut (*Ficaria verna*)
		Zweibl. Schattenblume (*Majanthemum bifolium*)
		Sauerklee (*Oxalis acetosella*)
10–15	Sommerliche Laubwaldkräuter	Leberblümchen (*Anemone hepatica*)
		Maiglöckchen (*Convallaria majalis*)
		Walderdbeere (*Fragaria vesca*)
		Bingelkraut (*Mercurialis perennis*)
15–100	Farne und Hochstauden	Frauenfarn (*Athyrium filix-femina*)
		Wurmfarn (*Dryopteris filix-mas*)
		Bärlauch (*Allium ursinum*)
		Waldziest (*Stachys silvatica*)
über 1 m	Bäume und Sträucher	

Angaben aus Lerch, 1991

3.1.13 Relative Helligkeit am Waldboden bei diffusem Licht

Die Messungen wurden auf 10 × 10 m großen Teilflächen der Wald- und Forst-Probeflächen an 121 Punkten gemessen. Sie stammen aus dem Solling-Projekt.

Das Solling-Projekt war das erste interdisziplinäre Programm Deutschlands zur Ökosystemforschung. Es wurde in den 1960er im Rahmen des UNESCO-Programmes International Biological Programme (IBP), 1966 bis 1973, zur Erforschung von Ökosystemen

durchgeführt, die vom Menschen unbeeinflusst sind. H. Ellenberg (Projektleiter) u. a. haben die Ergebnisse dokumentiert,
    Der Solling ist ein Mittelgebirge des Weserberglands in Niedersachsen.

Die Helligkeit bzw. der Lichtgenuss im Wald ist maßgebend für die Schichtung der Vegetation und für die Ausprägung der Bodenflora.

	Probefläche	Alter des Bestandes	Mittelwert derBeleuch-tungsstärkein % der Gesamtstrahlung
unbelaubt	Buchen-Stangenholz	57 Jahre	35,6
	Buchen-Altholz	120 Jahre	46,7
belaubt	Buchen-Stangenholz	57 Jahre	2,72
	Buchen-Baumholz	78 Jahre	3,36
	Buchen-Altholz	120 Jahre	4,36
Fichten-Stangenholz		39 Jahre	2,34
Fichten-Baumholz		85 Jahre	4,54
Fichten-Altholz		113 Jahre	11,6

Angaben aus Ellenberg u. a., 1986

3.1.14 Beleuchtung um 13 Uhr an klaren Tagen in verschiedener Höhe innerhalb eines Eichenwaldes

Die unterschiedliche Helligkeit zu den verschiedenen Jahreszeiten ist typisch für die laub-abwerfenden Wälder der gemäßigten Zone. Sie ist insbesondere für die Ausprägung des Frühjahrsaspektes verantwortlich.

Bestandesschicht	Frühjahr Lichtgenuss		Sommer Lichtgenuss	
	in 1000 Lux	in %	in 1000 Lux	in %
Über den Kronen	60–70	100	ca. 85	100
Oberer Kronenraum	60–70	100	10–40	12–45
Unterer Kronenraum	50–60	75–90	1,5–4,5	2–5
Strauchschicht	30–50	45–80	0,6–2,0	0,75–2,5
Krautschicht	30–50	45–80	0,4–1,2	0,5–1,5

Angaben aus Walter und Breckle, 1983

3.1.15 Die Gedeihgrenzen einiger Pflanzen in Abhängigkeit vom relativen Lichtgenuss am Standort

Als „Gedeihgrenze" bezeichnet man den Wert, der eingehalten bzw. erfüllt sein muss, damit ein Organismus überleben kann. Im vorliegenden Fall bezieht sich die Gedeihgrenze auf den Lichtanspruch einiger Pflanzenarten.

Die Prozentangaben bezeichnen den relativen Lichtgenuss.

a) Wuchsort in der Sonne wie im Schatten

Ruderalpflanzen		Wiesenpflanzen	
Scharfer Mauerpfeffer (*Sedum acre*)	100–48 %	Aufrechter Ziest (*Stachys recta*)	100–48 %
Mäusegerste (*Hordeum murinum*)	100–25 %	Wiesensalbei (*Salvia pratensis*)	100–30 %
		nur steril	bis 20 %
Gemeines Greiskraut (*Senecio vulgaris*)	100–3 %	Knäuelgras (Dactylis glomerata)	100–2 %

b) Wuchsort im Schatten, Lichtgenuss niemals 100 %

Waldbodenkräuter u. a.			
Hohler Lerchensporn (*Corydalis cava*)	80–25 %	Knoblauchsrauke (*Alliaria petiolata*)	33–9 %
Schwalbenwurz (*Vincetoxicum hirundinaria*)	67–45 %	Waldstorchschnabel (*Geranium sylvaticum*)	74–4 %
Buschwindröschen (*Anemone nemorosa*)	40–20 %	Frühlingsplatterbse (*Lathyrus vernus*)	33–20 %
Gefleckte Taubnessel (*Lamium maculatum*)	67–12 %	Hasenlattich (*Prenanthes purpurea*)	10–5 %
		nur steril	bis 3 %
Farne	1–2 %		
Moose und Flechten	bis 0,5 %		
Luftalgen	bis 0,1 %		

c) Licht- und Schattengehölze (Minimaler Lichtgenuss)

Lichtgehölze		Schattengehölze	
Lärche (*Larix decidua*)	20 %	Fichte (*Picea abies*)	3,6 %
Esche (*Fraxinus excelsior*)	17 %	Spitzahorn (*Acer platanoides*)	1,8 %

Angaben aus Lerch, 1991 und Strasburger, 1991

Vogelbeere (*Sorbus aucuparia*)	12%	Hainbuche (*Carpinus betulus*)	1,8%
Hängebirke (*Betula pendula*)	11%	Rotbuche (*Fagus sylvatica*)	1,6%
Zitterpappel (*Populus tremulus*)	11%	Buchsbaum (*Buxus sempervirens*)	0,9%
Wald-Kiefer (*Pinus sylvestris*)	10%		
Stieleiche (*Quercus robur*)	4%		

Angaben aus Lerch, 1991 und Strasburger, 1991

3.1.16 Lichtgenuss-Minimum von Jungpflanzen verschiedener Gehölze

Baumarten benötigen zur Keimung und als Jungpflanzen unterschiedlich viel Licht. Viele der unter „Lichthölzer" aufgeführten Arten sind ausgesprochene Pionierarten, die bevorzugt auf vegetationsfreien oder nur gering bewachsenen Flächen keimen und wachsen. „Schattenhölzer" wie die Rotbuche entwickeln sich in Beständen mit Kronenschluss, d. h. wenig Licht auf dem Boden. Sie „schießen" erst später in die Höhe.

Pflanzenarten	Minimaler Lichtgenuss %
Lichthölzer	
Birke (*Betula pendula*)	12–15
Lärche (*Larix decidua*)	10–14
Kiefer (*Pinus sylvestris*)	7–12
Robinie (*Robinia pseudacacia*)	10–12
Halbschattenhölzer	
Erle (*Alnus glutinosa*)	7–9
Roteiche (*Quercus borealis*)	5
Stieleiche (*Quercus robur*)	2
Fichte (*Picea abies*)	3–4
Schattenhölzer	
Esche (*Fraxinus excelsior*)	2–3
Hainbuche (*Carpinus betulus*)	2

Angaben aus Lerch, 1991

Pflanzenarten	Minimaler Lichtgenuss %
Rotbuche (*Fagus sylvaticus*)	1
Douglasie (*Pseudotsuga taxifolia*)	1
Linde (*Tilia parvifolia*)	1

Angaben aus Lerch, 1991

3.1.17 Waldzustandserhebung 2014

Angaben aus Bundesministerium für Ernährung und Landwirtschaft (BML), (abgerufen am 28.05.2015)

Das BML gibt jährlich einen Waldzustandsbericht heraus, der im Internet zugänglich ist. In ihm sind auch die Zustandsberichte der einzelnen Bundesländer enthalten. Hier wird nur eine pauschale Zusammenfassung gegeben. Der Waldzustandsbericht wird seit 1984 erhoben.

a) **Bezeichnung der Schadstufen**

Schadstufe 0: 0–10 % der Bäume ohne sichtbare Kronenverlichtung,

Schadstufe 1: 11–25 % Warnstufe (schwache Kronenverlichtung),

Schadstufe 2: 26–60 % mittelstarke Kronenverlichtung,

Schadstufe 3: 61–99 % starke Kronenverlichtung,

Schadstufe 4: 100 % abgestorben.

Die Schadstufen 2, 3 und 4 werden zur Einstufung „deutliche" Kronenverlichtung (KV) zusammengefasst; das entspricht einer Verlichtung von mehr als 25 %. Als „mittlere Kronenverlichtung" bezeichnet man den Mittelwert der Kronenverlichtung aller Probebäume.

b) **Zusammenfassung für einzelne Baumarten**

Die Zahlen in ( ) geben die Einstufung 2013 an; somit kann die Tendenz der Entwicklung abgelesen werden.

Baumart	Schadstufen			
	deutliche KV	Warnstufe	ohne KV	mittlere KV
alle Baumarten	26 % (23)	41 % (39)	33 % (38)	20,4 % (19,3)
Fichte	28 % (27)	39 % (38)	33 % (33)	20,2 % (18,8)
Kiefer	12 % (12)	50 % (42)	38 % (47)	16,4 % (15,1)
Buche	48 % (35)	38 % (42)	14 % (23)	27,6 % (23,6)
Eichen	36 % (42)	40 % (39)	24 % (19)	24,7 % (27,0)

3.2   Tropische Wälder

Dieses Kapitel enthält Angaben zu Ausdehnung und Rückgang der Tropischen Regenwälder, zu ausgewählten Biozönosen und zur Biodiversität.

Die Angaben zur Ausdehnung und zum Rückgang der Regenwälder weisen eine breite Streuung auf, da nicht immer ganz klar ist, für welchen Regenwaldtyp sie erhoben wurden. Zudem beeinflusst auch die jeweilige Quelle und Interessenlage der Forscher die Angaben stark.

3.2.1   Ausdehnung der Tropischen Regenwälder

Die Zahlenangaben über die Verbreitung Tropischer Regenwälder schwanken stark. Dies liegt zum einen daran, dass sich die Regenwälder nicht scharf abgrenzen lassen, zum anderen beziehen sich die Erhebungen auf unterschiedliche Jahre (vgl. auch Vorbemerkung zu Abschn. 3.2).

a) **Die Tabelle gibt die potenzielle Ausdehnung der Regenwälder an**

Biogeographische Region	Fläche ca. 1990	2005
Amerikanische oder neotropische Regenwälder (Hauptverbreitungsgebiet: Brasilien)	$4 \times 10^6 \, km^2$	$6{,}548 \times 10^6 \, km^2$
Osttropen (Malaiischer Archipel inkl. Papua Neuguinea) (Indonesien rangiert nach Brasilien an zweiter Stelle)	$2{,}5 \times 10^6 \, km^2$	$1{,}875 \times 10^6 \, km^2$
Afrika	$1{,}8 \times 10^6 \, km^2$	$2{,}119 \times 10^6 \, km^2$

Angaben aus Whitmore, 1993. Die Angaben, die jünger sind, stammen von der FAO, 2011

b) **Verteilung der Tropenwälder**

Erdteil	geschlossene Wälder	offene Wälder	prozentualer Anteil weltweit[*]
Amerika	$8 \times 10^6 \, km^2 = 57\%$	$4{,}5 \times 10^6 \, km^2 = 27\%$	60%
Asien	$3{,}5 \times 10^6 \, km^2 = 25\%$	$1 \times 10^6 \, km^2 = 5\%$	22%
Afrika	$2{,}5 \times 10^6 \, km^2 = 10\%$	$11{,}5 \times 10^6 \, km^2 = 68\%$	18%

Zu den „offenen Wäldern" werden z. B. auch Dornbuschbestände gezählt.
[*] Zahlen von FAO, 2011. Angaben aus Niemitz, 1991

3.2.2 Verschiedene Waldformen im Vergleich

Parameter	tropischer Regenwald	mitteleuropäischer Mischwald	borealer Nadelwald
Verbreitung	Tropen zwischen den Wendekreisen	Mitteleuropa	Kanada – Nordasien
Klima			
– Jahresdurch-schnittstemperatur	25–27 °C	7 °C	−1 °C
– Temperatur-schwankungen	gering	mittel	stark
– Niederschläge	> 1800 mm/a	800–1000 mm/a	300–400 mm/a
– Luftfeuchtigkeit	sehr hoch	hoch	gering
Alter der Öko-systeme	viele Mill. Jahre	ca. 10.000 Jahre	ca. 6000–8000 Jahre
Artenzahl	3000–10.000 Baum-arten	ca. 14 Baumarten	ca. 8 Baumarten
	Laubbäume	Laub- und Nadel-bäume	Nadel- und Laub-bäume
Böden	mineralsalz- und sauerstoffarme wasserdurchtränkte Böden	mineralreiche, durchlüftete Böden	Permafrost-Böden zunehmend ver-sumpfend

Angaben aus Institut für Film und Bild in Wissenschaft und Unterricht (FWU), 1998 2

3.2.3 Die Verteilung von pflanzlichen Lebensformtypen in tropischen und mitteleuropäischen Wäldern

Die Angaben erfolgen in Prozent der gesamten Vegetation der Pflanzenformation. Erklärung der Lebensformen s. Abschn. 1.2.14

Lebensform	Wald Mitteleuropa	Tropischer Regenwald Britisch Guiana
Epiphyten (ohne Flechten)	0	22
Phanerophyten	27	66
Chamaephyten	6	12

Angaben aus Walter und Breckle, 1983

Lebensform	Wald Mitteleuropa	Tropischer Regenwald Britisch Guiana
Hemikryptophyten	39	0
Geophyten	23	0
Therophyten	5	0

Angaben aus Walter und Breckle, 1983

3.2.4 Verteilung der Blütenpflanzen in den Tropen

Von den weltweit ca. 250.000 Arten an Blütenpflanzen kommen ca. 170.000 (=ca. 2/3) in den Tropen vor. Die Verteilung auf die unterschiedlichen Regionen der Tropen ist wie folgt:

Artenzahl	Region
ca. 80.000	Neue Welt (d. h. südlich der Grenze USA/Mexico)
35.000	tropisches Afrika (ohne Madagaskar)
8500	Madagaskar allein
40.000	Asien
davon 25.000	Malaiisches Florengebiet

Angaben aus Whitmore, 1993

3.2.5 Anzahl der Individuen und Arten in verschiedenen Synusien auf einer Fläche von 100 m² im immergrünen Regenwald bei Horquetas (Costa Rica)

Unter Synusie versteht man eine Gemeinschaft an Organismen mit gleichen oder ähnlichen Lebensform, z. B. die Krautschicht, Strauchschicht oder Baumschicht.

Nach Whitmore ist dies von allen weltweit bislang ausgezählten Pflanzengemeinschaften die mit Abstand artenreichste. Die Zählung wurde von einem elfköpfigen Team unternommen u. erforderte pro Kopf 192 Arbeitsstunden. Bei dieser Arbeitsleistung würde es 10 Jahre dauern, bis eine Person eine hektargroße Aufnahmefläche ausgezählt hätte.

Berücksichtigt sind nur Gefäßpflanzen.

Pflanzengruppe		Zahl der Individuen	Artenzahl
a) freistehende Pflanzen			
– bis 1 m Höhe (davon Baumsämlinge)		1349 (566)	132
– von 1 bis 3 m Höhe (davon Bäume)		144 (134)	18 (5)
– Pflanzen über 3 m Höhe (davon Bäume)		38 (35)	18 (4)
b) abhängige Pflanzen			
– Kletterpflanzen			
	Stammkletterer	233	24
	freihängende	68	20
– Epiphyten		339	61
	(davon Aronstabgewächse)	(90)	(17)
	(davon Bromelien)	(49)	(8)
	(davon Farne)	(87)	(9)
Gesamtheit aller Gefäßpflanzen		2171	233

Angaben aus Whitmore, 1993

3.2.6 Artenreichtum und Diversität in Tropischen Regenwäldern

Die Zahlen beziehen sich auf jeweils unterschiedliche Flächen bzw. Bereiche.

Artenzahlen	
50.000	verschiedene Tierarten auf 1 km^2 (Amazonien)
2000	Insektenarten in einer Baumkrone
700	Baumarten auf 10 ha (Borneo)
300	Baumarten auf 1 ha (Peru)
500	verschiedene Ameisenarten auf 1 km^2
43	verschiedene Ameisenarten auf einem Baum

Angaben aus AOL Tropischer Regenwald, 1992

3.2.7 Anzahl der Baumarten in Tropischen Regenwäldern

Berücksichtigt werden bei solchen Auszählungen i.d.R. nur Bäume mit einem Stammdurchmesser in Brusthöhe (Brusthöhendurchmesser = BHD) von mindestens 0,1 m. Die Angaben haben in der Literatur unterschiedliche Bezugsgrößen.

Region	Artenzahl
Venezuela	40–80/ha (Walter/Breckle)
Yanamomo (Peruanisches Amazonasgebiet)	283/ha (Whitmore)
Malaiische Halbinsel (Pasoh)	830/50 ha; (berücksichtigt wurden Stämme ab BHD von 10 mm)
Bukit Raya (Sarawak auf Borneo)	711/6,6 ha

Angaben aus Whitmore, 1993 sowie Walter und Breckle, 1984

Im Yanamomo-Gebiet sind auf 1 ha nur 15 % der Baumarten mit mehr als 2 Individuen vertreten; 63 % nur mit 1 Exemplar pro Art.

Zum Vergleich:

In ganz Europa nördlich der Alpen und westlich des Ural gibt es 50 heimische Baumarten; in Nordamerika 711.

3.2.8 Die Abnahme der Baumartenzahl in Abhängigkeit von der Dauer der Trockenheit bzw. Abnahme der Jahresniederschläge

Die Angaben stammen aus Venezuela. Berücksichtigt wurden nur Bäume mit einem Brusthöhendurchmesser (vgl. Abschn. 3.2.6) von 20 cm und mehr.

Pflanzenformation	Arten/ha
Immergrüner Regenwald	90
Regengrüner Feuchtwald	60
Regengrüner Trockenwald	36
Dornbuschwald	11

Angaben aus Walter und Breckle, 1984

Ebenso wirkt sich die Wärmeabnahme mit zunehmender Höhenlage aus.
Beispiele aus Nebelwäldern mit maximaler Feuchtigkeit.

Höhenlage	Arten/ha
2000–2600 m	56
2600–2800 m	38
2800–3200 m	15

3.2.9 Die höchsten Bäume der Welt

Wuchshöhe	Art/Familie	Heimat
111 m	Küstenmammutbaum (*Sequoia sempervirens*) (*Taxodiaceae*)	Kalifornien (USA)
107 m	Blaugummibaum (*Eucalyptus regnans*) (*Myrtaceae*)	Victoria (Australien)
96 m	Riesenmammutbaum (*Sequoiadendron giganteum*) (*Taxodiaceae*)	Kalifornien (USA)
89 m	Araukarie *Araucaria hunsteinii* (*Araucariaceae*)	Neuguinea
85 m	Edeltanne (*Abies nobilis*) (*Pinaceae*)	Washington (USA)
84/81 m	*Koompassia excelsa* (*Caesalpiniaceae*)	Sarawak (Borneo)
75 m	Kauri-Fichte (*Agathis australis*) (*Araucariaceae*)	Neuseeland
71 m	*Eucalyptus deglupta* (*Myrtaceae*)	Neubritannien
70 m	Dammarfichte (*Agathis dammara*) (*Araucariaceae*)	Sulawesi (Indonesien)

Angaben aus Whitmore, 1993

Zum Vergleich:

Der höchste Baum Europas ist die Gemeine Fichte (*Picea abies*) bis 70 m, meist jedoch nur zwischen 30 und 50 m hoch.

Die sogenannten Urwaldriesen sind nicht die höchsten Bäume der Welt.

3.2.10 Artenreichtum verschiedener Tiergruppen in gut untersuchten Tiefland-Regenwäldern

Region	Fläche	Artenzahl				
		Säugetiere (Klammerwerte: Primaten)	Vögel	Reptilien	Amphibien	Schmetterlinge
Neuwelttropen (Neotropis)						
Panama						
– Barro Colorado Island	15 km²	97 (5)	366	68	32	–
Costa Rica:						
– La Selva	ca. 15 km²	ca. 100 (3)	>400	>50	41	ca. 4000
Ecuador:						
– Limoncocha	15 km²	–	480	–	–	–
– Santa Cecilia	3 km²	–	–	–	81	–
Afrika						
Gabun:						
– Makoukou	2000 km²	199 (14)	342	63	38	–
Südostasien						
Malaysia						
– Pasoh	8 km²	89 (5)	212	>20	25	–
Papua-Neuguinea:						
– Gogol	10 km²	27 (10)	162	34	23	–

Angaben aus Whitmore, 1993

Die Anzahl der Vögel und der Reptilien in den beiden Regenwaldgebieten Ecuadors stellen wahrscheinlich Weltrekorde dar.

3.2.11 Artenvielfalt der Wirbeltiere; Vergleich der Wälder Deutschlands mit Tropenwäldern

Klasse	Bundesrepublik Deutschland	Halbinsel Malaysia	Ecuador	Costa Rica Forschungsstation La Selva
	357.340 km²	131.587 km²	281.341 km²	7,3 km²
Säugetiere	94	>200	280	109
Vögel	305	675	1447	394
Reptilien	12	270	345	76
Amphibien	19	90	350	40

Angaben aus AOL, 1992

3.2.12 Vergleich der Artenzahlen von Deutschland und Peru

Systemat. Gruppe	Artenzahlen in Deutschland	davon 2006 in Deutschland bedroht	Artenzahlen in Peru	davon 2006 in Peru bedroht
Säugetiere	90	10	469	46
Vögel	330	16	1710	98
Reptilien	12	0	365	8
Amphibien	20	0	316	86
Süßwasserfische	70	15	ca. 900	8
Sprosspflanzen	ca. 2500	12	ca. 18.000	276

Angaben aus Streit, 2007. Die Zahlen für 2006 stammen von der IUNC, (abgerufen am 02.05.2015)

3.2.13 Biomasse in Tropischen Regenwäldern

Schätzungen für die Phytomasse	300–650 t/ha (Mittel 500 t/ha)
davon oberirdisch:	75–90 %

davon entfallen über 90 % auf das Holz der Bäume, nur 2–3 % auf die Blattmasse. Die Wurzelmasse befindet sich zu ca. 90 % in den oberen 20–30 cm; angesichts der riesigen Bäume sind Tropenwälder äußerst flachgründig.

Schätzungen für die Zoomasse:
Angaben aus zwei südamerikanischen Regenwaldgebieten in kg/ha.

Region	Herbivore	Carnifore	Bodenfauna	Verhältnis von Phytomasse zu Zoomasse
Amazonas	30	15	165	2252:1
Puerto Rico	25	10	80	3594:1

Angaben aus Schultz, 1988

3.2.14 Die Phytomasse im zentralen Amazonas-Urwald

Das Waldgebiet liegt in einer Klimazone mit kurzer Trockenzeit.
Die Phytomasse ist in t/ha als Frischgewicht angegeben.

(1)	Gesamte Blattmasse	18,1
	Zweige und Äste	202,4
(2)	Stämme der Dicotyledonen	465,5
	Stämme der Palmen	2,1
	Stämme der Pflanzen bis 1,5 m Höhe	0,6
(3)	Lianen	46,0
	Epiphyten und Parasiten	0,2
Gesamte Oberirdische Phytomasse		
	Summe aus (1)+(2)+(3)	734,9
Gesamte unterirdische Phytomasse		225,0
Totale Phytomasse (Frischgewicht)		989,0

Angaben aus Walter und Breckle, 1984

Das entspricht ca. 500 t/ha Trockenmasse.
Die relativ geringe Masse an Laub hat Rückwirkungen auf die Tierwelt, z. B. weitgehendes Fehlen größerer Pflanzenfresser.
Die Holzigen Teile machen 97,4 % der Phytomasse aus.

Masse totes Holz, noch stehend	7,6 t/ha
Masse totes Holz, am Boden liegend	18,2 t/ha
Streu	7,2 t/ha
Organische Masse im Boden	250 t/ha

3.2.15 Zoomasse im Amazonas-Regenwald

Die Angaben beziehen sich auf das Frischgewicht.

Tiergruppe	in kg/ha
Herbivore	30
Carnivore	15
Bodenfauna	165
Zoomasse gesamt	210 (= 0,2 t/ha)

Angaben aus Heinrich und Hergt, 1990

3.2.16 Die Erzeugung von Phytomasse und Sauerstoff in Tropischen Regenwäldern im Vergleich zu anderen Ökosystemen

Die Angaben beziehen sich auf die Produktion der Landoberfläche.

Pflanzenformation	Erzeugung von Phytomasse und Sauerstoff
Tropischer Regenwald	42 %
Grasland/Savanne	18 %
Wälder der gemäßigten Zone	14 %
Boreale Wälder	9 %
Kultiviertes Land (Äcker, Wiesen)	9 %
Moore, Wiesen, Tundra, alpine Weiden	8 %
	100 %

Angaben aus Hartenstein in Niemietz, 1991

Die Tabelle zeigt, dass die Tropenwälder die größten Sauerstoffspender der Erde sind.

3.2.17 Regenwaldverluste von 1980 bis 1985 in verschiedenen Ländern

Quelle für die Daten ist die FAO. Die genannten Länder besitzen hauptsächlich Regenwald.

Region		geschlossene Waldfläche 1980 in 10^3 ha	jährliche Entwaldung	
			Fläche in 10^3 ha	Prozent
a) jährlich große Flächen entwaldet				
a) hohe Verlustrate				
Amerika	Costa Rica	1660	65	3,9
Asien	Malaysia	21.300	255	1,2
	Philippinen	12.500	91	0,7
Afrika	Elfenbeinküste	4910	290	5,9
	Nigeria	7560	300	4,0
b) niedrige Verlustrate				
Amerika	Brasilien	396.000	1480	0,4
	Peru	70.500	270	0,4
	Venezuela	33.100	125	0,4
Asien	Indonesien	123.000	600	0,5
	Papua-Neuguinea	34.000	22	0,1
Afrika	Kamerun	18.100	80	0,4
	Zaire	106.000	182	0,2
b) jährlich kleine Flächen entwaldet				
a) hohe Verlustrate				
Amerika	El Salvador	155	5	3,2
	Jamaica	195	2	1,0
Asien	Brunei	325	7	2,2
Afrika	Guinea-Bissau	664	17	2,6
b) niedrige Verlustrate				
Amerika	Belize	1390	9	0,6
	Trinidad und Tobago	368	1	0,3

Angaben aus Whitmore, T.C.: Tropische Regenwälder, 1993

Region		geschlossene Waldfläche 1980 in 10^3 ha	jährliche Entwaldung	
			Fläche in 10^3 ha	Prozent
Afrika	Zentralafrikanische Republik	3590	5	0,1
	Äquatorial-Guinea	1290	3	0,2
	Gabun	207.000	15	0,1
	Sierra Leone	798	6	0,8

c) Zum Vergleich die Größe einiger Länder und Regionen (Flächenangaben ebenfalls in 10^3 ha):

Frankreich	55.000
Tasmanien	6830
Niederlande	3620
Wales (GB)	2080
New Jersey(USA)	2030
Rhode Island (USA)	314

Angaben aus Whitmore, T.C.: Tropische Regenwälder, 1993

3.2.18 Geschwindigkeit der Verluste an Regenwald – eine anschauliche Vergleichsrechnung

Zeit	Fläche	Fläche pro Zeiteinheit
365 Tage (1 Jahr)	13.000.000 ha	35.616 ha/Tag (24 h)
35.616 ha/Tag (24 h)		1484 ha/h
1484 ha/h (60 min)		24,7 ha/min
24,7 ha/min (60 s)		0,4 ha/s

Angaben aus „Rettet den Regenwald e. V.", (abgerufen am 15.04.2015)

Vergleich der Flächen

1 ha = 100 × 100 m = 10.000 m²

Größe eines Fußballfeldes bei internationalen Spielen: 68 × 105 m = 7140 m² = 0,714 ha

Die Abholzung von 24,7 ha/min entspricht 36,4 Fußballfeldern/min oder mehr als ein halbes Fußballfeld/s.

3.2.19 Primärwald-Verluste in Costa Rica zwischen 1940 und 1983

Costa Rica betreibt eine vorbildliche Naturschutzpolitik; ein Fünftel seiner Fläche sind
Naturschutzgebiete.

Jahr	Bedeckungsgrad mit Primärwald
1940	67%
1950	56%
1961	45%
1977	32%
1983	17%

Angaben aus Whitmore, 1993

Daneben existierte allerdings noch viel geschädigter und regenerierter Wald; 1983 z. B.
zusätzlich noch 33,5 %.

3.2.20 Änderung einzelner Klimaparameter bei Umwandlung
Amazoniens in Weideland nach Modellrechnungen

Klimaparameter	mit Wald	Weideland	relative Änderung
Niederschlag	6,60 mm/Tag	5,26 mm/Tag	−20,3 %
Verdunstung	3,12 mm/Tag	2,27 mm/Tag	−27,2 %
Abfluss	3,40 mm/Tag	3,00 mm/Tag	−11,9 %
Jahresmitteltemperatur	23,6 °C	26,0 °C	+2,4 °C
Bodenfeuchte	–	–	−60 %

Angaben aus Plachter, 1991

3.2.21 Bodenerosion in den immerfeuchten Tropen

a) Vegetationsform	Bodenabtrag in t pro ha und a
Kunstwald ohne Unterholz	90
Kunstwald mit Unterholz	6
Wald nach Brandrodung	900 (600–1200)
Naturwald an Steilhang	25
Naturwald in der Ebene	4

Angaben aus Praxis Geographie 1986

b) Vegetationsform	jährliche Erosionsrate	
	mm Bodenabtrag	t/ha
Baumwollmonokultur auf fast ebenem Land	4	80
Felder mit Fruchtwechsel auf fast ebenem Land	1,6	32
dichte Grasdecke, ebenes Land	0,1–0,5	2–10
lockere Grasdecke, ebenes Land	1–100	20–100
Brandrodungsfeldbau während der Kultivierung auf Hängen	30–60	600–1200
Naturwald, welliges Gelände	<0,01–0,5	<0,2–10
Naturwald, steile Hänge	0,5–2	10–40
Baumplantage, dicht, ohne Unterwuchs	1–8	20–160
Baumplantage, locker, mit dichtem Unterwuchs	0,1–0,5	2–10

Angaben aus Winkel nach Brüning in Unterricht Biologie, 1985

3.2.22 Die Zersetzungsgeschwindigkeit von totem Holz in tropischen Regenwäldern

Das Beispiel stammt aus einem Regenwald West-Malaysias.

Baumarten	Durchmesser in cm	Zersetzter Anteil nach 1,5 Jahren (in %)
Shorea parviflora		
Stammholz	30–50	14,5
große Äste	13–20	49,8
mittlere Äste	6–13	60,0
kleine Äste	3–6	80,8
Ixonanthes icosandra		
mittlere Äste	6–13	24,2
kleine Äste	3–6	37,1

Angaben aus Schultz, 1988

3.3 Boden als Lebensraum

Der Boden ist Bestandteil jedes terrestrischen Ökosystems, kann aber auch als eigenständiges Ökosystem betrachtet werden. In diesem Abschnitt finden sich Daten zum Bodenkörper und zum Lebensraum Boden, sowie zu den Bodenlebewesen und ihre Leistungen.

3.3.1 Kornteilchengröße von Böden nach DIN 4022

Lockergestein	Durchmesser in mm	Symbol
Steine	>63	X
Grobkies	63–20	gG
Mittelkies	20–6,3	mG
Feinkies	6,3–2,0	fG
Grobsand	2,0–0,63	gS
Mittelsand	0,63–0,2	mS
Feinsand	0,2–0,063	fS
Feinstsand	0,1–0,063	ffS

Angaben aus Kuntze u. a., 1981

Lockergestein	Durchmesser in mm	Symbol
Grobschluff	0,063–0,020	gU
Mittelschluff	0,02–0,006	mU
Feinschluff	0,006–0,002	fU
Ton	>0,002	T

Angaben aus Kuntze u. a., 1981

Die DIN-Norm DIN 4022 des Deutschen Instituts für Normung e.V. regelte die für Deutschland gültige Benennung und Beschreibung von Boden und Fels.

3.3.2 Porengröße und Porenvolumen in Böden

Das Porenvolumen und die Porengröße sind für die Durchlüftung, Durchwurzelung und als Lebensraum für die Bodentiere von großer Bedeutung.

Wurzelhaare (Durchmesser $>10\,\mu m$) vermögen nur in Grobporen einzudringen; Pilzmyzelien (Durchmesser ca. 3–$6\,\mu m$) und Bakterien (Durchmesser ca. $0,2$–$1\,\mu m$) können auch noch in Mittelporen leben.

Porengrößenbereiche	Porendurchmesser in µm
Grobporen, weite	>50
Grobporen, enge	50–10
Mittelporen	10–0,2
Feinporen	<0,2

Angaben aus Scheffer und Schachtschabel, 1992

Anteil des Porenvolumens der Porengrößenbereiche am gesamten Bodenvolumen, (C-Gehalt $<2\,\%$) und organische Böden

Bodenart	Porenvolumen (%)	Grobporen (%)	Mittelporen (%)	Feinporen (%)
Sandböden	46 ± 10	30 ± 10	7 ± 5	5 ± 3
Schluffböden	47 ± 9	15 ± 10	15 ± 7	15 ± 5
Tonböden	50 ± 15	8 ± 5	10 ± 5	35 ± 10
Anmoor	70 ± 10	5 ± 3	40 ± 10	25 ± 10
Hochmoor	85 ± 10	25 ± 10	40 ± 10	25 ± 10

3.3.3 Einteilung und Bezeichnung von Böden aufgrund des Gehaltes an organischer Substanz

% Humus*) bei		Bezeichnung	Kurzzeichen
landwirtschaft-licher Nutzung	forstlicher Nutzung		
		nur stellenweise humos	(h)
<1	<1	sehr schwach humos	h1
1–2	1–2	schwach humos	h2
2–4	2–5	(mittel)humos	h3
4–8	5–10	stark humos	h4
8–15	10–15	sehr stark humos	h5
15–30	15–30	extrem humos (anmoorig bei Feuchtböden)	h6
>30	>30	Torf, Humusauflage	H

*) Der Anteil an organsicher Substanz lässt sich errechnen: % C × 1,72 bei Torfen und Auflagehumus: % C × 2. Angaben aus Blume, 1990

3.3.4 Annähernde Anzahlen und Lebendgewichte der wichtigsten Bodenorganismen in Böden Mittel- und Nordeuropas

Die Berechnungen beziehen sich auf einen Bodenblock von $1\,m^2$ Oberfläche und $30\,cm$ Tiefe. Angegeben ist jeweils ein Durchschnittswert und ein Höchstwert.

Taxon	Deutscher Name	Individuen-zahl im Durchschnitt	Individuen-zahl im Maximum	Durch-schnittsge-wicht (g)	Höchst-gewicht (g)
Mikroflora					
Bacteria	Bakterien	10^{12}	10^{15}	50	500
Actinomycetes	Strahlenpilze	10^{10}	10^{13}	50	500
Fungi/Mycota	Pilze	1 Mrd.	10^{12}	100	1000
Phycophyta	Algen	1 Mio.	10 Mrd.	1	15
Mikrofauna (0,002–0,2 mm)					
Flagellata	Geißeltierchen	$0,5 \times 10^{12}$	10^{12}		

Angaben aus Lexikon Biologie, Band 10, 1992; nach Dunger

Taxon	Deutscher Name	Individuen-zahl im Durchschnitt	Individuen-zahl im Maximum	Durch-schnittsge-wicht (g)	Höchst-gewicht (g)
Rhizopoda	Wurzelfüßer	$0,1 \times 10^{12}$	$0,5 \times 10^{12}$		
Ciliata	Wimper-tierchen	1 Mio.	100 Mio.		
Mesofauna (0,2–2 mm)					
Rotatoria	Rädertiere	25.000	600.000	0,01	0,3
Nematoda	Fadenwürmer	1 Mio.	20 Mio.	1	20
Acarina	Milben	100.000	400.000	1	10
Collembola	Spring-schwänze	50.000	400.000	0,6	10
Makrofauna (2–20 mm)					
Enchytraeidae	Familie der Wenigborster	10.000	200.000	2	26
Gastropoda	Schnecken	50	1000	1	30
Araneae	Spinnen	50	200	0,2	1
Isopoda	Asseln	50	200	0,5	1,5
Diplopoda	Doppelfüßer	150	500	4	8
Chilopoda	Hundertfüßer	50	300	0,4	2
Myriapoda	übrige Vielfüßer	100	2000	0,05	1
Coleoptera	Käfer incl. Larven	100	600	1,5	20
Diptera	Zweiflügler-larven	100	1000	1	10
–	übrige Insek-ten	150	15.000	1	15
Megafauna (20–200 mm)					
Lumbricidae	Regenwürmer	80	800	40	400
Vertebrata	Wirbeltiere	0,001	0,1	0,1	10

Angaben aus Lexikon Biologie, Band 10, 1992; nach Dunger

3.3.5 Größenklassen der Bodenfauna in einem Bodenblock von 1 m² Oberfläche und 30 cm Tiefe

Die Erfassung der Organismen bis in eine Tiefe von 30 cm wird traditionell angegeben, da dies in etwa der Höhe eines Spatenblattes entspricht.

Die Größenklassen Mikro-, Meso-, Makro- und Megafauna sind durch ihre Körpergröße festgelegt.

Größenklasse	Tiergruppe	Körpergröße (Länge)	Anzahl
Mikrofauna	–	0,002–0,2 mm	
	Wurzelfüßer		0,5 Billionen
	Geißeltierchen		1 Billion
	Wimpertierchen		100 Millionen
Mesofauna	–	0,2–2,0 mm	
	Käfer	0,4–30 mm	600
	Collembolen	0,3–10 mm	400.000
	Milben	0,2–2,0 mm	40.000
	Rädertiere	0,1–1,5 mm	600.000
	Fadenwürmer	0,03–2,0 mm	20 Millionen
	Turbellarien	0,5–18 mm	
Makrofauna	–	2,0–20 mm	
	Käfer	0,4–30 mm	600
	Zweiflüglerlarven	1,5–40 mm	1000
	Hundert- und Tausendfüßer	3,0–80 mm	2800
	Asseln	4–20 mm	200
	Schnecken	1,8–180 mm	1000
	Enchytraeiden	4–40 mm	
Megafauna	–	20–200 mm	
	Schnecken	1,8–180 mm	1000
	Regenwürmer	18→200 mm	800
	Wirbeltiere	30→200 mm	0,1

Angaben aus Brauns, 1968

3.3.6 Frischgewichte der Biomasse in verschiedenen Landschaftszonen

Region	Pilze (g/m²)	Bakterien (g/m²)	Mikrofauna (g/m²)
Tundra, Taiga	2–8	0,3–0,9	0,8–3,6
(Halb-)Wüste	13	0,4	0,7
Steppe	400	300	23
Boreale und temperate Nadelwälder	80–460	0,1–11	8–28
Temperate Laubwälder	90–130	1–27	8–20
Warme Monsun und Regenwälder	450	110	8

Angaben aus Scheffer und Schachtschabel, 1992

3.3.7 Verbreitung und Häufigkeit von Regenwürmern

Angaben nach diversen Quellen

In Mitteleuropa gibt es 39 Arten von Regenwürmern, die der Familie Lumbricidae angehören.

a) **Individuenzahl und Gewicht in Abhängigkeit vom Habitat**

Habitat	Artenzahl	Individuenzahl pro m²	Frischgewicht pro m² in g
Wald	30	78	40
Grünland	26	97	48
Acker	4	41	20
Kompost	3	3000	1000
Stapelmist	1	110.000/m³	25.000/m³

Angaben nach diversen Quellen

b) Besiedlungsunterschiede je nach Bodenart und Umweltfaktoren

Standort	Gewicht
Lehmhaltige Wiese	111 g/m² = 1190 kg/ha
Überschwemmungswiese	80 g/m² = 800 kg/ha
Magerwiese	35,5 g/m² = 350 kg/ha

Angaben nach diversen Quellen

Zum Vergleich: 1 ha Grünland ernährt 500 kg Großvieh.

3.3.8 Vergleich von Arten- und Individuenzahlen von Regenwürmern in unterschiedlichen Ökosystemen

Die Angaben beziehen sich auf Mitteleuropa.

Ökosystem	Artenzahl	Individuen pro m²	Biomasse in $g \times m^{-2}$
Wald	30	78	40
Wiese	26	97	48
Acker	4	41	20

Angaben aus Bick, 1989

3.3.9 Menge an ausgeworfenen Regenwurmexkrementen in Mitteleuropa

Die unter 1 m² Acker lebenden Regenwürmer haben eine Masse von 50 bis 80 g. Sie lassen 4–8 kg Boden jährlich durch ihren Darm passieren. In 100 Jahren wandert die gesamte Ackerkrume einmal durch den Regenwurmdarm.

Angegeben ist das Mittel aus zwei Jahren.

Kultur	Menge in 100 kg/ha × Jahr
Garten	100
Wiese	344
Waldwiese	754

Angaben aus Scheffer und Schachtschabel, 1992 und Lerch, 1991

Kultur	Menge in 100 kg/ha × Jahr
Obstgarten	254
Mischwald	171
Fichtenwald	194

Angaben aus Scheffer und Schachtschabel, 1992 und Lerch, 1991

3.3.10 Steigerung des Ernteertrags durch Regenwürmer

Frucht	Ernteertrag ohne RW	Ernteertrag mit RW	Mehrertrag mit RW
Weizen			
Halmgewicht	7,1 g	10,5 g	48 %
Weizenkörner	60 St.	190 St.	83 %
Limabohne			
Hülsen	5,9 g	16,9 g	183 %
Bohnen	3,9 g	11,5 g	195 %

RW = Regenwürmer. Quelle unbekannt

3.3.11 Zersetzungsdauer und Kohlenstoff-Stickstoff-Verhältnis (C/N-Verhältnis) im Laub verschiedener Baumarten

Das Zahlenverhältnis in der Spalte „C/N-Verhältnis" gibt an, wie viele Atome C auf ein Atom N der jeweiligen Laub- bzw. Nadelart kommen.

Baumart	Dauer der Zersetzung	C/N-Verhältnis des Laubes
Schwarzerle	1 Jahr	15:1
Esche	1 Jahr	21:1
Ulme	1 Jahr	28:1
Traubenkirsche	1,5 Jahre	22:1
Hainbuche	1,5 Jahre	23:1

Angaben aus Brucker und Kalusche, 1990

Baumart	Dauer der Zersetzung	C/N-Verhältnis des Laubes
Linde	2 Jahre	37:1
Ahorn	2 Jahre	52:1
Eiche	2,5 Jahre	47:1
Birke	2,5 Jahre	50:1
Zitterpappel	2,5 Jahre	63:1
Fichte	3 Jahre	48:1
Buche	3 Jahre	51:1
Roteiche	3 Jahre	53:1
Kiefer	>3 Jahre	66:1
Douglastanne	>3 Jahre	77:1
Lärche	>5 Jahre	113:1

Angaben aus Brucker und Kalusche, 1990

Im Tropischen Regenwald beträgt die Zersetzungsdauer höchstens ½ Jahr.

3.3.12 Die Zersetzungsgeschwindigkeit von Laub- und Nadelstreu in verschiedenen Ökozonen

Es wird deutlich, welchen Einfluss die Temperatur auf die Zersetzungsgeschwindigkeit der Laubstreu hat. Dies hat seinen Grund darin, dass es fast ausschließlich wechselwarme Organismen sind, die am Streuabbau beteiligt sind.

Ökozonen	Zersetzungsrate = jährlicher Streuanfall / Streuvorrat	Dauer (in Jahren) bis zu 95 %iger Zersetzung
Immerfeuchte Tropen	6,0	0,5
Sommerfeuchte Tropen	3,2	1
Trockene Mittelbreiten: Grassteppe	1,5	2
Feuchte Mittelbreiten	0,77	4
Boreale Zone	0,21	14
Polare subpolare Zone: Tundra	0,03	100

Angaben aus Schultz, 1988

3.3.13 Bodensalzgehalt und Vegetation

Salzgehalt im Boden	Vegetation
hoch (über 12 %)	nackter Boden („Tenne"), ohne Vegetation
stark (3–12 %)	einjährige Halophyten, meist nur eine Art
mittel (1–3 %)	artenarme Salzpflanzen-Ufer, ausdauernde Horst-Gräser
schwach (0,2–1 %)	artenreiche Salzwiese (meist beweidet oder beackert)

Angaben aus Lerch, 1991

3.3.14 Schätzwerte der gefährdeten Bodenflächen in Europa

Eine Fläche kann von mehreren Gefährdungsarten betroffen ein. Der Begriff „Fläche" schließt alle Formen der Bodennutzung ein.

Gefährdung durch	betroffenen Flächen in Mio. ha	Anteil an der gesamten europäischen Bodenfläche in %
Pestizide	180	19
Stickstoff u. Phosphat	170	18
Wassererosion	115	12
Versauerung	85	9
Winderosion	42	4
Bodenverdichtung	33	4
Versalzung	3,8	0,4
Verlust an organischer Substanz	3,2	0,3

Angaben nach EUA (Die Europäische Kommission), 1995

3.3.15 Relativer Bodenabtrag (Erosionsanfälligkeit) bei verschiedenen Kulturpflanzen

Als Vergleichswert wird Schwarzbrache (kein Anbau) = 1,0 gesetzt.

Kulturpflanze	Relativer Bodenabtrag	
Rotklee	0,02	
Getreide	0,08	0,11
Zuckerrüben	0,29	
Körnermais	0,42	
Silomais	0,51	
Hopfen	0,9–1,0	

Angaben aus Plachter, 1991

Der Unterschied zwischen Körner- und Silomais (früher geerntet) liegt in der unterschiedlichen Erntezeit.

3.3.16 Abfluss und Erosion nach Rodung

Die Werte stammen aus Beregnungsversuchen in Bayern und Hessen. Es wurde sowohl der Oberflächenabfluss als auch die Bodenerosion gemessen.

Gebiet	Oberflächenabfluss bezogen auf die Beregnungsmenge	Bodenabtrag in g/l Abfluss
Mischwald	4,9%	0,15
Fichtenbestand	6,4%	2,06
Ackerland	21,1%	10,0
Almen und Wiesen	29,8%	0,61
Sanierte Abbruchflächen	49,9%	2,09
Abbruchflächen ohne Vegetation	56,0%	188,40
Skiabfahrten	80,0%	13,20

Angaben aus Klötzli, 1993

3.3.17 Bodenerosion durch Wasser an der Westküste der USA

Kultur	Bodenabtrag in t/ha × a
Wald- und Weideland	0,8
Wiesen	4
Obst- und Weingärten	
mit Unterkultur	15
ohne Unterkultur	68
Brache mit Weizenstoppeln	45
Monokulturen und Dauerbrache	76
zum Vergleich:	
Maisfeld bei uns (je nach Bodenneigung)	3–13

Angaben aus Jaenicke u. a., 1988

Die Bodenneubildung beträgt durchschnittlich 15 t/ha in einem Jahr.

3.3.18 Nährstoffauswaschung nach Entwaldung

Nährstoffe	Konzentration in mg/l	
	Kahlschlag	Wald
Ammoniumstickstoff (NH_4^+)	1,2	nicht bestimmbar
Nitratstickstoff (NO_3^-)	0,4	0,01
Magnesium (Mg^{2+})	6,4	1,3
Kohlenstoff aus Hydrogencarbonat (HCO_3^-)	15,8	4,1

Angaben aus Klötzli, 1993

3.4   Kulturlandschaftsökosysteme, Siedlungen

Dieser Abschnitt enthält vor allem einige ausgewählte Angaben zu städtischen Ökosystemen.

3.4.1   Die Zusammensetzung der Fauna einer Wiese

Die Angaben dort entstammen den Untersuchungen von Boness. Er hat insgesamt 1940 Tierarten auf Wiesen festgestellt. Dabei entfielen auf:

Tiergruppe	Artenzahl
Fliegen (*Diptera*)	ca. 500
Käfer (*Coleoptera*)	490
Hautflügler (*Hymenoptera*)	403
Wanzen (*Heteroptera*)	219
Schmetterlinge (*Lepidoptera*)	60
Springschwänze (*Collembola*)	20
Spinnen (*Arachnida*)	43
Asseln, *Chilopoda, Diplopoda*	15
Schnecken (*Gastropoda*)	33
Wirbeltiere (*Vertebrata*)	42

Angaben aus Schmidt, 1988

3.4.2   Siedlungsflächen im Bundesgebiet

Die Zahlen für 2011 stammen vom Umweltbundesamt (15.04.2015)
    Die Gesamt-Siedlungsfläche wird 100 % gesetzt.

	1985	2011 in %	in km²
Gebäude- und Freifläche Wohnen	27,3 % }	51,4 %	24.797
Gebäude- und Freifläche Gewerbe, Industrie	7,2 % }		
Gebäude- und Freifläche, sonstige	13,2 % }		
Betriebsfläche	1,7 %		
Betriebsfläche ohne Abbauland		1,8 %	883
Verkehrsfläche	38,9 %	37,4 %	18.032

Angaben aus Blume, 1990

	1985	2011 in %	in km²
Erholungsfläche	4,7%	8,6%	4148
Flächen anderer Nutzung	7,0%		
Friedhöfe		0,8%	364
	100,0%	100%	

Angaben aus Blume, 1990

3.4.3   Das Wachstum der Megastädte

Die Zahlen entstammen einer UN Statistik, Zahlen in Klammern nach Mackensen (in Sukopp/Wittig).

Die Zahlen für 2015: Bundeszentrale für politische Bildung (abgerufen am 30.03.2015)
Es sind die 10 größten Agglomerationen der Welt im Zeitraum 1950 bis 2000 aufgeführt.

	Mio. Einwohner				
	1950	1980	1990	2000	2015
Mexico City		(15,0)	(19,4)	26,3	21,6
Tokio-Yokohama	6,7	(14,0)		17,1	35,5
Sao Paolo		(14,9)	(15,8)	24,0	21,5
New-York-NENJ	12,3	(16,6)	(18,1)	15,5	19,9
Shanghai	5,8	(12,0)		13,5	17,2
Kalkutta	4,6	(8,8)	(9,2)	16,6	16,9
Buenos Aires	5,3	(10,8)	(10,7)		13,4
Rio de Janeiro		(10,3)	(10,5)	13,3	12,7
Seoul		(8,5)	(9,6)	13,5	
Delhi		(5,5)	(5,7)	13,3	18,6
Mumbai (Bombay)		(8,3)	(8,2)	16,0	21,9
London	10,4	(6,9)	(6,9)		
Rhein-Ruhr	6,9	(9,0)	(8,7)		
Paris	5,5	(10,2)	(10,1)		
Chicago-NWInd	4,9	(7,8)	(8,1)		
Moskau	4,8	(8,1)	(9,0)		11,0

New York-NENJ = North East New Jersey. Chicago-NWInd = North West India. Angaben aus Sukopp und Wittig, 1993

3.4.4   Der durchschnittliche Versiegelungsgrad von Stadtböden

Angabe der versiegelten Flächenteile in %.

0–15%	gering	Agrarland, Wald, Park, Schrebergärten, Friedhof, Flug- und Sportplätze (z. T. mäßig)
10–50%	mäßig	freistehende und Reihenhäuser mit Garten
45–75%	mittel	Zeilenbau mit Gemeinschaftsgrün, öffentliche Gebäude
70–90%	stark	dichte Blockbebauung, Gewerbe und Industrie
85–100%	sehr stark	Stadtkerne, z. T. Industrie

Angaben aus Sukopp und Wittig, 1993

3.4.5   Klimatische Unterschiede zwischen Stadt und Umland

Faktoren	Veränderungen gegenüber dem nicht bebauten Umland
Strahlung	
Globalstrahlung auf horizontaler	−20%
Oberfläche	
Gegenstrahlung	+10%
Ultraviolett im Winter	−70% (im Extremfall −100%)
Ultraviolett im Sommer	−30 bis −10%
Sonnenscheindauer	
Sichtbares Licht im Winter	−8%
Sichtbares Licht im Sommer	−10%
Niederschlag	
Gesamtbetrag	+10%
Tauabsatz	−65%
Lufttemperatur	
Jahresmittel	0,5 bis 1 Kelvin höher
Winterminima	1 bis 3 Kelvin höher

Angaben aus Sukopp und Wittig, 1993

Faktoren	Veränderungen gegenüber dem nicht bebauten Umland
Maximale Temperaturunterschiede	3 bis 10 Kelvin höher
Dauer der winterlichen Frostperiode	−25 %
Verdunstung	
Gesamtbetrag	−60 bis −30 %
Relative Luftfeuchtigkeit	
Jahresmittel	−6 %
Wintermittel	−2 %
Sommermittel	−8 %
Windgeschwindigkeit	
Jahresmittel	−25 %
Spitzenboen	−15 %
Windstillen	+13 %
Vegetationsbedeckte Fläche	
Verlängerung der städtischen Vegetationsperiode	ca. 8–10 Tage

Angaben aus Sukopp und Wittig, 1993

3.4.6 Vergleich einiger meteorologischer Parameter in den Innenbereichen von Großstädten und nicht urbanen Ökosystemen

Parameter	Nicht urbanes ÖS	Innenstadt
Klima		
Strahlung (global)	100 %	15–20 % geringer
Sonnenscheindauer	100 %	5–15 % geringer
Temperatur (Jahresmittel)	100 %	0,5–1 °C höher
Windgeschwindigkeit (Jahresmittel)	100 %	20–30 % weniger
Niederschläge (gesamt)	100 %	5–10 % mehr
Schneefall	100 %	5 % weniger

[1]Neophyten sind Pflanzen, die nachweislich erst nach 1500 n. Chr. nach Mitteleuropa eingewandert sind. Angaben aus Schubert, 1984

Parameter	Nicht urbanes ÖS	Innenstadt
relative Luftfeuchtigkeit	100%	2–8% weniger
Kondensationskerne	100%	10-mal mehr
Nebel (Winter)	100%	200%
Nebel (Sommer)	100%	130%
Boden		
Versiegelungsgrad	<20%	100%
Vegetation		
vegetationsbedeckte Fläche	95%	1%
Neophytenanteil[1]	10–15%	ca. 20%

[1]Neophyten sind Pflanzen, die nachweislich erst nach 1500 n. Chr. nach Mitteleuropa eingewandert sind. Angaben aus Schubert, 1984

3.4.7   Durchschnittliche Häufigkeit der Tage mit Schwülebelastung

Unter „Schwüle" versteht man den Zustand einer stark mit Wasserdampf gesättigten Umge-
bungsluft bei gleichzeitig hohen Lufttemperaturen. Diese weist dementsprechend eine hohe
relative Luftfeuchtigkeit auf und behindert daher die Thermoregulation des menschlichen
Körpers durch Schwitzen.

Ort	Anzahl der Tage mit mehr als 49 °C Äquivalenttemperatur
Lübeck	14,7
Berlin	18,1
München	19,5
Stuttgart	22,2
Bonn	24,4
Frankfurt a. M.	27,0
Mannheim	29,0
Karlsruhe	33,7

Angaben aus Sukopp und Wittig, 1993, dort nach Angaben des Deutschen Wetterdienstes für
den Zeitraum 1950–1969

Definition Äquivalenttemperatur: aktuelle Temperatur + doppelter Wert des Dampf-
drucks.
Von Schwületagen spricht man bei einer Äquivalenttemperatur > 49 °C.

3.4.8 Zunahme des Anteils nicht-einheimischer Arten von Farn- und Blütenpflanzen mit steigender Siedlungsgröße

Siedlungsart	Anteil nicht-einheimischer Arten in % der Farn- und Blütenpflanzen
Waldsiedlungen	20–30
Dörfer	30
Kleinstädte	35–40
Mittelstädte	40–50
Großstädte	50–70

Angaben aus Plachter, 1991

3.4.9 Synanthrope Pflanzen in Deutschland

Unter synanthropen Pflanzen versteht man solche, die an den Siedlungsbereich des Menschen angepasst sind. Ihre Ansiedlung und Verbreitung hängen stark mit den Aktivitäten des Menschen zusammen. Synanthrope Pflanzen sind somit Kulturfolger. Sie waren ursprünglich in einem Gebiet nicht heimisch und wurden vom Menschen bewusst oder unabsichtlich eingebracht.

Unterscheidungen:
- Kultur- oder Nutzpflanzen: absichtlich eingeführt,
- Adventivarten: unbeabsichtigt eingeschleppt,
- Kulturflüchtlinge: waren früher in Kultur genommen worden, verwilderten aber später,
- Archaeophyten: kamen bis Ende des 15. Jahrhunderts (1492) nach Deutschland,
- Neophyten: wurden erst nach der Entdeckung Amerikas(1492) eingeschleppt.

Wissenschaftlicher Name **Deutscher Name**	Datum der Einführung	Heimat
a) in Deutschland		
Aristolochia clematitis Gemeine Osterluzei	(?), alte Heilpflanze	Mittelmeergebiet, Kaukasus
Cardaria (Lepidium) draba Gewöhnliche Pfeilkresse	19. Jh.	Osteuropa bis Sibirien
Datura stramonium Stechapfel	1542	Mexiko

Angaben aus Lexikon der Biologie, Band 10, 1992

Wissenschaftlicher Name Deutscher Name	Datum der Einführung	Heimat
Elodea canadensis Kanadische Wasserpest	1836: Irland 1859: Berlin	1836 Irland Nordamerika
Conyza (Erigeron) canadensis Kanadisches Berufkraut	17. Jh.	Amerika
Galinsoga parviflora Kleinblütiges Knopfkraut, Franzosenkraut	1794: Paris 1797: Bremen	Anden, Peru
Helianthus tuberosus Topinambur, Erdbirne	um 1600	Amerika
Heracleum mantegazzianum Riesenbärenklau	1819?	Kaukasus
Impatiens glandulifera Drüsiges Springkraut	19. Jh.	Himalaya
Juncus tenuis Zarte Binse	1851	Nordamerika
Lupinus angustifolius Schmalblättrige (Blaue) Lupine	16. Jh.	Mittelmeergebiet
Lupinus polyphyllus Staudenlupine	19. Jh.	Pazifisches Nordamerika
Oenothera biennis Gemeine Nachtkerze	17. Jh.	Nordamerika, Mexico
Platanus occidentalis Amerikanische Platane	17. Jh.	Nordamerika
Reynoutria japonica (Polygonum cuspidatum) Japanischer Knöterich	Mitte 19. Jh.	Japan, China, Korea
Robinia pseudacacia Robinie	17. Jh.	Nordamerika
Senecio vernalis Frühlings-Kreuzkraut	19. Jh.	Osteuropa, Westasien
Solidago canadensis Kanadische Goldrute	Anfang 19. Jh.	Nordamerika
Syringa vulgaris Gemeiner Flieder	frühes Mittelalter	Westl. Mittelmeer- gebiet, Südwest-Asien
Tilia tomentosa Silberlinde	1767	Balkan, Kleinasien

Angaben aus Lexikon der Biologie, Band 10, 1992

3.4.10 Hundekot-Mengen in Städten

Man legt das Durchschnittsgewicht eines Hundes mit 9 kg fest. Jeder Hund scheidet ca. 3 % seines Gewichts als Kot aus.

Stadt	Anzahl Hunde	Bezugsjahr	Kotmengen täglich
Hannover	13.871	1983	1,74 t
Berlin (West)	90.000	1988	16 t
Berlin	170.000	2015	55 t
Wien	56.872	o. J.	15 t

Angaben aus verschiedenen Quellen

Literatur

Ahlheim, K.-H. (Hrsg.): Wie funktioniert das? Die Umwelt des Menschen. Meyers Lexikonverlag, Mannheim 1989

Arbeitsgruppe Oberkircher Lehrmittel (AOL), Inst. F. Ökologie (Grsg.): Tropischer Regenwald, Unterrichtsmaterialien. Lichtenau, 1992.

Bick, H.: Ökologie. Stuttgart 1989

Blume. H.-P.: Handbuch des Bodenschutzes. Landsberg/ Lech 1990

Brauns, A.: Praktische Bodenbiologie. Stuttgart 1965

Brucker, G. u. D. Kalusche: Boden und Umwelt. Heidelberg u. Wiesbaden 1990

Ellenberg, H., Mayer, R. u. J. Schauermann: Ökosystemforschung, Ergebnisse des Solling.Projektes. Stuttgart 1986

Engelhardt, W.: Umweltschutz. München 1993

Heinrich, D. u. M. Hergt: dtv-Atlas Ökologie, Stuttgart 1990

Jaenicke, J. u. W. Miriam: Biologie heute SII. Hannover 1990

Klötzli, F.: Ökosysteme. 3. Aufl. Stuttgart 1993

Katalyse e.V. (Hrsg.): Umweltlexikon. 2. Aufl., Köln 1993

Kuntze et al.: Bodenkunde. 2. Aufl., Stuttgart 1981

Lerch, G.: Pflanzenökologie. Berlin Akademie-Verlag 1991

Lexikon der Biologie, Schmitt, M. (Hrsg.): Band 10. Freiburg 1992

Nentwig, W., Bacher, S., Brandl, R.: Ökologie kompakt, 3. Aufl., Heidelberg 2011

Niemitz, C.: Das Regenwaldbuch, Hamburg 1991

Plachter, H.: Naturschutz. Stuttgart 1991

Praxis Geographie, H. 1, 1986

Scheffer, F. u. P. Schachtschabel: Lehrbuch der Bodenkunde. Stuttgart 1992

Schmidt, H.: Die Wiese als Ökosystem. 3. Aufl., Köln, 1988

Schubert, R. (Hrsg.): Lehrbuch der Ökologie. Jena 1984

Schultz, J.: Die Ökozonen der Erde. Stuttgart 1988

Schumann, W.: Knauers Buch der Erde. Stuttgart 1988

Strasburger, Hrsg. Von Sitte u.a.: Lehrbuch der Botanik, 33. Aufl. Stuttgart 1991

Streit, B. Was ist Biodiversität?, München 2007

Sukopp, H. u. R. Wittig: Stadtökologie. Stuttgart 1993

Walter, H. u. S. Breckle: Ökologie der Erde, Band 1 - 3. Stuttgart 1983 ff

Whitmore, T.C.: Tropische Regenwälder. Heidelberg, Berlin, New York 1993

Winkel, G.: Tropischer Regenwald, Unterricht Biologie,9. Jg. H. 103, 1985

Wittig, R.: Geobotanik, UTB basiscs, Haupt Bern, 2012

Wasser und aquatische Ökosysteme

4

4.1 Allgemeines

Zunächst werden einige allgemeine Daten zu Wasservorräten und zum Wasserverbrauch gegeben.

4.1.1 Wassermengen auf der Erde in festem, flüssigem und gasförmigen Zustand

	Menge (km³)	%
Weltmeere (Salzwasser)	1.348.000.000	97,39
Polareis, Meereis, Gletscher	27.820.000	2,01
Grundwasser, Bodenfeuchte	8.062.000	0,58
Seen und Flüsse	225.000	0,02
Atmosphäre	13.000	0,001
Summe	**1.384.120.000**	**100,00**
davon Süßwasser	**36.020.000**	**2,60**
Süßwasser		% von dessen Gesamtsumme
Polareis, Meereis, Gletscher		77,23
Grundwasser bis 800 m Tiefe		9,86
Grundwasser von 800 bis 4000 m Tiefe		12,35

Angaben aus Fritsch, 1990

© Springer-Verlag Berlin Heidelberg 2016
D. Kalusche, *Ökologie in Zahlen*, DOI 10.1007/978-3-662-47987-2_4

	Menge (km³)	%
Bodenfeuchte		0,17
Seen (süß)		0,35
Flüsse		0,003
hydrierte Erdmineralien		0,001
Pflanzen, Tiere, Menschen		0,003
Atmosphäre		0,4
Summe		**100,00**

Angaben aus Fritsch, 1990

andere Einteilung:

Gesamtwassermenge	1.384.120.000 km³
(flüssig, gasförmig, fest)	= 1,4 Milliarde km³
es liegen vor in Form von:	
Salzwasser/Weltmeere	94,7
Eis (Polareis, Meereis, Gletscher)	2
Süßwasser auf Festland	0,6
davon als Grundwasser u. Bodenfeuchte:	0,58
in Seen und Flüssen	0,02
Wasserdampf in der Atmosphäre	0,001

Angaben aus Walter und Breckle, 1983

Trotz dieser gigantischen Mengen darf man nicht vergessen, dass das verfügbare Wasser begrenzt ist.

4.1.2 Das Weltwasser in Zahlen

1 km³ entspricht 1 Billion Liter oder 1 km³ = 10^{12} l.

Vorrat (in km³)	Vorgang	Umsatz (Angaben in km³/Tag)
In Polkappen u. Gletschern: 27,8 Ozeanwasser: 1,3 Milliarden Im Grundwasser: **8 Millionen** davon ca. die Hälfte in >1000 m Tiefe	Niederschlag auf Meer und Polargebiet	1040
	Vom Wind aufs Land verfrachtet	110
	Niederschlag aufs Land	330
	Verdunstung vom Land	220
	Abfluss ins Meer	110
	Verdunstung vom Meer	1150

Quelle: Klett PRISMA Biologie, Naturphänomene und Technik, 2015

4.1.3 Wasserbilanz der Erde (Hydrologischer Kreislauf)

Vorgang	bewegte Wassermenge
Verdunstung von Meerwasser (pro Minute sind das ca. 1 Milliarde m³)	430×10^3 km³
Niederschläge auf Meeresoberfläche (entspricht ca. 80% der über dem Meer verdunsteten Wassermenge)	390×10^3 km³
Verdriftung Wasserdampf von Meer auf Landmasse	40×10^3 km³
Verdunstung über Landmasse	70×10^3 km³
Gesamtniederschläge auf Landmasse (70×10^3 km³ aus Verdunstung + 40×10^3 km³ vom Meer)	110×10^3 km³
Gesamtabfluss an Land (Grundwasser + Oberflächenwasser)	40×10^3 km³

Angaben aus Fritsch, 1990 und Katalyse „Das Wasser-Buch", 1990

4.1.4 Verdunstung und Niederschläge

Verdunstung (jährliche Durchschnittswerte)		das entspricht einer Wassersäule
von der Oberfläche der Weltmeere:	425.000 km³	1176 mm Höhe
von den Meeren auf die Festländer verdrifteter Wasserdampf:	40.000 km³	110 mm Höhe
davon: auf der Nordhalbkugel	25.000 km³	
auf der Südhalbkugel	15.000 km³	
von der Festlandoberfläche verdunsten:	71.000 km³	480 mm Höhe
Niederschläge		
es fallen		
auf die Meere:	385.000 km³	1066 mm Höhe
auf das Festland:	110.000 km³	480 mm Höhe

Angaben aus Walter und Breckle, 1983

Im Jahr befinden sich 500.000 km³ Wasser auf der Erde im Umlauf (= 1000 mm hohe Wassersäule); davon 18 % auf den Landflächen.

Die absoluten Mengen sagen zwar nicht viel aus, sind aber in ihren Beträgen imponierend. Es wird deutlich, welche Mengen umgesetzt werden.

4.1.5 Tau und Nebel

Tau und Nebel tragen insgesamt sehr wenig zum Gesamtniederschlagsaufkommen bei. Für einige Wüstengegenden sind sie jedoch oft die einzige Niederschlagsquelle.

Angegeben sind die Tau- und Nebelmengen für einige Regionen und Zeitspannen.

Mitteleuropa, durchschnittlich	0,02–0,03 mm/h
Tropen	0,15–max. 0,26 mm/Nacht
meeresnahe Küstenwüsten (Niltal oder Namibwüste)	bis 0,7 mm/Nacht oder bis 40 mm/Jahr

Angaben aus Lerch, 1991

4.1.6 Die derzeitigen irdischen Eisvorkommen

Eisgebiet	Fläche in Mill. km²	Volumen in Mill. km³	Erhöhung des Meeresspiegels bei Abschmelzen
Landeis	14,4	32,5	+81,5 m
Ostantarktis	9,9	25,9	+64, 8 m
Westantarktis	2,3	3,4	+8,5 m
Grönland	1,7	3,0	+7,6 m
Alle Gletschergebiete	0,5	0,1	+0,3 m
Dauerfrostboden	7,6	0,03	+0,1 m
Zeitweiliger Frostboden	17,3	0,07	+0,2 m

Angaben aus Rudloff, 1993

4.1.7 Das Abschmelzen der Gletscher am Beispiel zweier schweizer Gletscher

a) **Der Rückgang der Gletscher, aufgezeigt an zwei Gletschern in der Schweiz**

Der Basòdino-Gletscher liegt am Basòdino (Basaldiner Horn), mit 3272 m der höchste Gipfel der Tessiner Alpen.

Zeitraum	Längenänderung	kumulative Längenänderung
1991–1992	−3 m	−475 m
1992–1994	+4 m	−469 m
1994–1995	−25 m	−494 m
1995–1996	−3 m	−497 m
1996–1997	−7 m	−504 m
1997–1998	−9 m	−513 m
1998–1999	−7 m	−520 m

Angaben aus www.raonline.ch/pages/edu, abgerufen am 26.05.2015

Zeitraum	Längenänderung	kumulative Längenänderung
1999–2000	−19,6 m	−540 m
2000–2001	−3,0 m	−543 m
2001–1002	−16,1 m	−559 m
2002–2003	−18,3 m	−577 m
2003–2004	−4,7 m	−582 m
2004–2005	−14,9 m	−597 m

Angaben aus www.raonline.ch/pages/edu, abgerufen am 26.05.2015

b) Rückzug des Morteratsch-Gletschers, Schweiz

Der Morteratsch-Gletscher liegt in der Berninagruppe im Kanton Graubünden. Wegen des gut dokumentierten Rückzugs gehört er zu den bekanntesten Gletschern der Alpen.

Jahr/Zeitabschnitt	Länge/Veränderung	Anmerkung
1857	Höchststand des Gletschers	er endet ca. 100 m vor den Gleisen der Rhätischen Bahn
1878	8,6 km	Beginn der systematischen Messungen
1899	2 m Zuwachs	
1912	5 m Zuwachs	
1947	53 m Rückgang	
1953	53 m Rückgang	
1981	56 m Rückgang	
1985	8 m Zuwachs	
1988	2 m Zuwachs	
2003	77 m Rückgang	
2004	10 m Zuwachs	
2008	6,4 km	Er schmolz in dieser Zeit um 2231 m ab; das ergibt einem durchschnittlichen Rückgang um 17 m/Jahr

Angaben aus Wikipedia, abgerufen am 26.05.2015

4.1.8 Abschätzung des global gemittelten Meeresspiegelanstieges aufgrund des anthropogenen Treibhauseffektes

	im Jahr 2000 um	im Jahr 2050 um	im Jahr 2100 um
Hohe Schätzung	17 cm	117 cm	345 cm
Mittlere Schätzung	9–13 cm	53–79 cm	144–217 cm
Niedrige Schätzung	5 cm	24 cm	56 cm

Angaben aus v. Rudloff, 1993 und neueren Quellen (bei den Werten angegeben)

- Der Meeresspiegelanstieg zwischen 1901 und 2000 betrug 19 ± 2 cm.
- Zwischen 1901 und 1990 stieg der Meeresspiegel 1,2 mm/a.
- Seit 1993 steigt er um 3,2 mm/a.

(Quelle: Intergovernmental Panel on Climate Change, IPPC)

Würde das gesamte Eis der Pole schmelzen, stiege der Meeresspiegel um 66 bis 72 m.
(Angabe des Alfred-Wegener-Instituts, 2015)

4.1.9 Trinkwasserverwendung in einem Durchschnittshaushalt der Bundesrepublik

Pro Tag verbraucht ein Bundesbürger im Schnitt 145 l (Jäkel) bzw. 128 l (nach Sukopp/ Wittig im Jahr 1986). Beide Angaben beziehen sich nur auf die sog. Alten Bundesländer.

2011 war der Wasserverbrauch in Deutschland auf 121 l/Person gesunken (nach „Duschkopf Test", abgerufen am 30.03.2015)

Vorgang	Verbrauch nach Jäkel	Verbrauch nach Sukopp/ Wittig	nach „Duschkopf Test"	
	in %	in l	in l	in %
Toilettenspülung	32	20–40	33	27
Baden und Dusche	30	20–40	43	36
Wäschewaschen	2	20–40	15	12
Körperpflege (ohne Baden)	6	10–15		

Angaben aus Jäkel, 1992 und Sukopp/Wittig, 1993

Vorgang	Verbrauch nach Jäkel	Verbrauch nach Sukopp/ Wittig	nach „Duschkopf Test"	
	in %	in l	in l	in %
Geschirrspülen	6	4–6	7	6
Wohnungsreinigung		3–10	7	6
Gartenbewässerung	4			
Trinken und Kochen	2	3–7	5	4
Autowäsche	2			
Sonstiges	2		11	9

Angaben aus Jäkel, 1992 und Sukopp/Wittig, 1993

4.1.10 Brauchwasser in der industriellen Produktion

Zur Herstellung von	braucht man durchschnittlich
1 l Bier	20 l Wasser
1 Bierdose	40 l Wasser
1 kg Stahl	25 bis 200 l Wasser
1 kg Feinpapier	400 bis 1000 l Wasser
1 PKW	380.000 l Wasser

Angaben aus Katalyse „Das Wasser-Buch", 1990

4.1.11 Geschätzter Verbrauch an virtuellem Wasser verschiedener landwirtschaftlicher Produkte

Produkt	m³ Wasser/Tonne Produkt
Rindfleisch	16.726
Schweinefleisch	5469
Käse	5288
Hühnerfleisch	3809

Produkt	m³ Wasser/Tonne Produkt
Eier	3519
Reis	2552
Sojabohnen	2517
Weizen	1437
Mais	1020
Milch	738
Kartoffeln	133

Angaben aus Wikipedia (abgerufen am 15.04.2015)

4.1.12 Wasserbedarf zur Herstellung verschiedener Produkte

Menge	Beispiel	Wasserbedarf in Litern
0,25 l	Bier	bis zu 75
1 Tasse	Tee	35
1 Tasse	Kaffee	140
1 l	Milch	1000
1 einzelne	Rose	5
1 kg	Mais	900
1 kg	Weizen	1100
1 kg	Sojabohnen	1800
1 kg	Reis	3000–5000
1 kg	Kokosnüsse	2500
1 kg	Hühnereier	4500
1 kg	Rindfleisch	15.000
500 Blatt	DIN A4-Papier	5000
1	Baumwoll-T-Shirt	2000
1	Jeans	6000
1	Mikrochip	32
1	PKW	20.000–300.000

Angaben aus Wikipedia (abgerufen am 15.04.2015)

4.2   Limnische Ökosysteme

4.2.1   Salzgehalt einiger Binnenseen

See	Salzgehalt in ‰
Aralsee, ehem. UdSSR	11
Wansee, Türkei	19
Bittersee, Ägypten	54
Owensee, Kalifornien (USA)	77
Großer Salzsee, Utah (USA)	270
Totes Meer, Israel	280
Roter See, Krim (UdSSR)	329
Güsdundag-See, Türkei	368

Angaben aus Schumann, W.: Knauers Buch der Erde, 1974

4.2.2   Ablagerung von Sedimenten in Abhängigkeit der Fließgeschwindigkeit

Fließgeschwindigkeit	abgelagertes Material
bis 20 cm/s	anorganischer Schlick, Detritus
20 bis 40 cm/s	Sande
40 bis 60 cm/s	Kies
60 bis 200 cm/s	Grobschotter und Blöcke

Angaben aus Schubert, 1984

4.2.3   Sichttiefe und Vegetationsgrenze für Seen

Die Angaben wurden an Seen im Tiefland ostdeutscher Seen erhoben, dürften aber für ganz Mitteleuropa gelten.

Trophiestufe	Mittlere sommerliche Sichttiefe (m)	Untere Makrophytengrenze (m)
oligotroph	≥6	≥8
mesotroph	3–<6	5–<8
eutroph	1,5–<3	2,5–<5
hocheutroph	1–<1,5	1,5–<2,5
polytroph	0,5–<1	0,5–<1,5
hochpolytroph	0,2–<0,5	–<0,5
hypertroph	–<0,2	

Angaben aus Wegener, 1991

4.2.4   Einteilung des Planktons nach Größenklassen

Bezeichnung	Durchmesser
Megaplankton	>5 mm
Makroplankton	1–5 mm
Mesoplankton	500–1000 µm
Mikroplankton	50–500 µm
Nanoplankton	5–50 µm
Ultraplankton	<5 µm
Picoplankton	<1 µm

Angaben aus Schubert, 1984

Diese Angaben gelten auch für marines Plankton.

4.2.5 Zusammensetzung der Insektenfauna in einem Bach

Die Zahlen verdeutlichen die typische Insektenfauna eines kleinen Fließgewässers.

Es sind die Individuenzahlen und die prozentuale Häufigkeit (= Dominanzspektrum) sowie das Trockengewicht in g und als Prozentangabe aufgeführt.

Taxon	Deutscher Name	Individuen		Trockengewicht	
		Anzahl	%	(g)	%
Chironomidae	Zuckmücken	23.514	42	3,3	11
Trichoptera	Köcherfliegen	11.703	23	15,3	50
Ephemeroptera	Eintagsfliegen	8548	16	7,4	24
Plecoptera	Steinfliegen	4949	10	3,3	11
Simuliidae	Kriebelmücken	1185	2	0,1	1
Ceratopogonidae	Gnitzen	1066	2	0,1	1
Sonstige		1035	2	1,1	4

Angaben aus Lexikon Biologie, Band 10, 1992

4.2.6 Saprobienindex ausgewählter Wasserorganismen

Der Saprobienindex gibt an, wo das Optimum der Art innerhalb einer vierteiligen Skala liegt; wobei 4,0 extrem polysaprob und 1,0 extrem oligosaprob ist.

Leitform	Saprobienindex (S)
Spirillum spp. (Bacteria)	4,0
Sphaerotilus natans (Bacteria)	3,6
Bodo putrinus (Flagellata)	4,0
Vorticella microstoma (Ciliata)	4,0
Tachysoma pellionella (Ciliata)	3,0
Crenobia alpina (Turbellaria)	1,0
Pisciola geometra (Hirudinea)	2,0
Erpobdella octoculata (Hirudinea)	3,0

Angaben aus Bick, 1989

Leitform	Saprobienindex (S)
Asellus aquaticus (*Crustacea*)	2,8
Gammarus roeseli (*Crustacea*)	2,3
Ephemerella ignita (*Ephemeroptera*)	1,9
Rhithrogena semicolorata (*Ephemeroptera*)	1,0

Angaben aus Bick, 1989

4.2.7 Kennzeichnung der Saprobiestufen eines Gewässers mittels der Keimzahl

Keimzahl = Anzahl Bakterien

Saprobiestufe	Symbol	Keimzahl Anzahl/ml
xenosaprob	xs	$< 10^2$
betamesosaprob	bms	10^4
alphamesosaprob	ams	$10^5 - 10^6$
polysaprob	ps	$> 10^6$

Angaben aus Bick, 1989

4.2.8 Sauerstoffversorgungsstufen von Gewässern

Angegeben ist der Mindestsauerstoffgehalt, der höchstens kurzfristig unterschritten werden darf.

Stufe der Sauerstoffversorgung	Mindestsauerstoffgehalt in mg O_2/l
I: sehr gut	8
II: gut	6
III: kritisch	4
IV: schlecht	2
V: sehr schlecht	< 2

Angaben aus Xylander und Naglschmid, 1985

4.2.9   Belastungsstufen von Gewässern

Angegeben sind die Werte für die Belastung mit biologisch abbaubaren organischen Stoffen und deren Abbauprodukten aus Abwasser.

Stufe der Belastung	Orga-nischer Kohlenstoff, gelöst in mg C/l	Bioche-mischer Sauerstoff-bedarf BSB$_5$ in mg O$_2$/l	Ammonium in mg NH$_4^+$-N/l	Nitrit mg NO$_2$-N/l	Ortho-phosphat in mg PO$_4^3$-P/l
I: gering	1,6	1,1	0,1	0,006	0,06
II: mäßig	2,0	2,0	0,15	0,0017	0,1
III: kritisch	2,7	3,3	0,2	0,06	0,3
IV: stark	4,5	7,1	1,5	0,14	1,15
V: sehr stark	9,4	11,2	19	0,28	2,5

BSB$_5$ = Biochemischer Sauerstoffbedarf nach 5 Tagen (Aufbewahrung der Wasserprobe im Dunkeln); Der BSB gibt einen Hinweis auf die Sauerstoffzehrung durch Mikroorganismen. Angaben aus Xylander und Naglschmid 1985

4.2.10 Kurzcharakteristika der Gewässergüteklasse bzw. Saprobienstufen

Diese Tabelle ist eine Zusammenschau der in den vorhergehenden Tabellen einzeln aufgeführten Parametern.

Saprobienstufe Güteklasse	O$_2$-Gehalt mg/l	BSB$_5$ Mg O$_2$/l	Keimzahl	Fischbesatz	Plankton-besatz
oligosaprob	8	1	aerobe Bakterien	gering	gering
I			< 1000/ml		
betamesoaprob	6	2–6	aerobe Bakterien	hoch	hoch
II			weit < 100.000/ml		
alphamesoaprob	2	7–13	Bakterien	mäßig	mäßig
III			< 100.000/ml		
polysaprob	2	15	Bakterien	keine	gering
IV			> 1 Mio./ml		

BSB$_5$ = biochemischer Sauerstoffbedarf nach 5 Tagen. Angaben aus Kuttler 1993

4.2.11 Abmessungen des Bodensees

Als größter See Mitteleuropas ist der Bodensee besonders gut erforscht und wird deshalb oft exemplarisch angeführt. Aus diesem Grund folgen jetzt einige Angaben zum Bodensee.

Der Bodensee gliedert sich in den:
Obersee – der Anteil vom Rhein-Einlauf bis zur Enge von Konstanz und Ludwigshafen a. B.,
Untersee – Enge von Konstanz bis Rhein-Auslauf bei Stein am Rhein.

Parameter	Größe
Oberfläche gesamt	536 km²
Fläche Obersee	473 km²
Fläche Untersee	63 km²
Rauminhalt	48 km³
gesamtes Einzugsgebiet	11.500 km²
mittlere jährliche Wasserführung der Zuflüsse	370 m³/s
Seebecken – längste Stelle	63 km
Seebecken – breiteste Stelle	14 m
tiefste Stelle	254 m
Lage: Meereshöhe über NN	395 m
Uferlänge gesamt	273 km
– davon in Baden-Württemberg	155 km
– in Bayern	18 km
– in Österreich	28 km
– in der Schweiz	72 km

Quelle: Südwestpresse Ulm, 26.06.2013

4.2.12 Der Jahresverlauf einiger abiotischer Ökofaktoren im Bodensee

Monat	Sichttiefe	Temp. °C	O_2 mg/l	CO_2 mg/l	NO_3^- mg/l	PO_4^{3-} µg/l
Januar	11,8	4,6	10,0	4,6	0,71	35
Februar	10,9	4,6	10,0	3,5	1,13	36
März	10,3	4,3	10,2	2,5	0,93	62

Angaben aus Holl u. a., 1988

Monat	Sichttiefe	Temp. °C	O_2 mg/l	CO_2 mg/l	NO_3^- mg/l	PO_4^{3-} µg/l
April	8,5	5,6	10,1	3,3	0,70	64
Mai	4,9	9,0	14,7	0,0	0,45	11
Juni	9,2	14,7	11,0	0,0	0,31	10
Juli	5,3	19,8	11,9	0,0	0,27	1
August	4,8	20,1	12,2	0,0	0,24	3
September	4,8	19,6	11,0	0,0	0,11	1
Oktober	6,0	14,7	12,0	0,0	0,14	4
November	8,1	8,7	10,5	1,0	0,45	22
Dezember	10,0	4,3	9,2	4,0	0,77	85

Angaben aus Holl u. a., 1988

Die Angaben sind beispielhafte Werte und gelten für das Oberflächenwasser.

4.2.13 Beute der Kormorane und Ausbeute der Berufsfischer am Bodensee

Der Kormoran breitet sich am Bodensee massiv aus, wogegen die Berufsfischer klagen. Die Fischereiforschungsanstalt Langenargen hat deshalb in einer Studie die tatsächlichen Fangergebnisse der Kormorane und der Berufsfischer erhoben.
Untersuchungszeitraum Herbst/Winter 2011/2012 und 2012/2013.

Fischart	Beute der Kormorane in t	Ausbeute der Berufsfischer in t
Schleie	36,9	4,7
Hecht	18,8	16,7
Flussbarsch	5,6	12,5
Karpfen	1,9	0,3
Brachse	1,7	0,2
Aal	1,1	2,5
Zander	1,0	0,5
Trüsche	0,7	0,9
Felchen	5,4	85,8

Angaben aus Südwestpresse Ulm, 05.09.2014

4.3   Marine Ökosysteme

4.3.1   Die Tiefenzonierung der Meere

Bezeichnung	Tiefe
Epipelagial (auch euphotische Zone)	bis −200 m
Mesopelagial (ab hier aphotische Zone)	bis −1000 m
Bathypelagial	bis −4000 m
Abyssopelagial	bis −6000 m
Hadopelagial	bis ~ 11.000 m

Angaben aus Phillip u. a., 2005

4.3.2   Die Hauptbestandteile des Meerwassers bei 35‰ Salinität

Bestandteil	mg/kg
Chlorid	19.370
Natrium	10.770
Magnesium	1300
Sulfat	2710
Calcium	409
Kalium	388
Bromid	65
Kohlenstoff (als Carbonat und Hydrogencarbonat und Kohlenstoffdioxid)	23 bei pH 8,4 bis 27 bei pH 7,8
Strontium	8,1
Bor	4,6
Silicium	0,02–4,0
Fluor	1,5
Stickstoff	0,02–0,8
Lithium	0,17

Angaben aus Wittig, R.: "Wasser", 1979 und Alheim, K.-H.: „Wie funktioniert das?", 1989

Bestandteil	mg/kg
Rubidium	0,12
Barium	0,05
Jod	0,03
Phosphor	0,0001–0,1
Arsen	0,02
Eisen	0,002–0,02
Aluminium	0,01
Mangan	0,001–0,01
Kupfer	0,001–0,01
Zink	0,005–0,01
Blei	0,004
Selen	0,004
Cäsium	0,002
Uran	0,0015
Silber	0,0003
Thorium	0,00005

Angaben aus Wittig, R.: "Wasser", 1979 und Alheim, K.-H.: „Wie funktioniert das?", 1989

4.3.3   Zusammensetzung des Meerwassers

Die Zusammensetzung des Meerwassers ist, global betrachtet, sehr einheitlich.
1. **Zusammensetzung des Meersalzes**

Verbindung	Anteil
Kochsalz ($NaCl$)	78 %
Magnesiumchlorid ($MgCl_2$)	11 %
Calciumsulfat ($CaSO_4$)	4 %
Kaliumsulfat (K_2SO_4)	3 %
verschiedene Salze	4 %

Angaben aus Schumann, W.: Knauers Buch der Erde, 1974

2. Salzgehalt (Salinität)

Der Salzgehalt wird in Promille angegeben (= Gramm pro Liter).

Verbindung	Anteil
mittlerer Salzgehalt der Weltmeere	35‰
Europäisches Mittelmeer	37‰
Rotes Meer	41‰
Freie Nordsee	34‰
Skagerrak	30‰
Kattegatt	25‰
westliche Ostsee (Kiel)	15‰
östliche Ostsee (Leningrad)	2‰

Angaben aus Schumann, W.: Knauers Buch der Erde, 1974

4.3.4 Pflanzliche Biomasse und Produktion im Meer

Bereich	Biomasse in 10^9 t	Produktion in 10^9 t × a^{-1}
Ozeanischer Bereich	1,0	41,5
Neritischer Bereich und Auftriebsgebiete	0,3	9,8
Litoral	2,6	3,7

Angaben aus Kuttler, 1993

4.3.5   Siedlungsdichte, Gewicht und Wohntiefe von Tieren im Wattenmeer

Diese Tiere gehören zum Beutespektrum z. B. des Austernfischers, auf den die Tabelle bezogen ist.

Beutearten	Beutetiere/m²	Gewicht der Beute	Wohntiefen der Beute
Garnele	50	5,0 g	0 cm
Strandschnecke	500	0,2 g	0 cm
Wattschnecke	20.000	0,1 g	0,2 cm
Strandkrabbe jung	1000	0,1 g	0,2 cm
Sandklaffmuschel jung	10.000	0,3 g	1 cm
Plattmuschel	100	1,0 g	2 cm
Borstenwürmer	500	0,5 g	3 cm
Wattringelwurm	300	3,0 g	5 cm
Wattwurm	30	10,0 g	20 cm
Sandklaffmuschel alt	5	200,0 g	20 cm

Angaben aus Pews-Hocke, 1993

4.3.6   Quellen des Öl-Eintrages in die Meere

Zahlen aus Max-Planck-Schule Kiel, 2001 www.mps-kiel.de/bildung/oelunfall (abgerufen am 24.02.2015)

Jährlich fließen ca. 3 Mio. Tonnen (Erd-)Öl in die Meere:
- 34 % davon industrielle Abfälle,
- 32 % – illegale Entsorgung aus Schiffen,
- 13 % – Tankerunfälle,
- 12 % aus natürlichen Quellen und Ölbohrinseln,
- 9 % – in Wolken gespeichert und regnet aufs Meer.

4.3.7   Tankerunfälle und ihre Folgen (Auswahl)

Siehe auch Übersicht über „ökologische Katastrophen".

Schiff	Havarieort und -jahr	ausgelaufene Ölmengen	Kosten für Reinigung der Küste in Mio. DM, bzw. getötete Tiere
Torrey Canyon	Irische See, 1967	119.000 t	
Oceanic Grandeur	Australien, 1970	6000 t	0,24 DM
Böhlen	Bretagne, 1976	9850 t	66 DM
Rawdatain	Genua, 1977	12.000 t	0,16 DM
Amoco Cadiz	Bretagne, 1978	223.000 t	179 DM
Ixtoc (Bohrinsel)	Mexico/Yucatan, 1979	fast 500.000 t	
Aegean Captain	Tobago, 1979	185.000 t	
Antonio Gramsci	Ventspils, 1979	5000 t	61 DM
Tanio	Bretagne, 1980	17.000 t	108 DM
Irenes Serenade	Griechenland, 1980	103.000 t	12–21 DM
Castillo de Belvar	Südafrika, 1983	252.000 t	
Odyssey (Feuer auf Tanker)	Neufundland, 1988	132.000 t	
Bahia Paraiso	Antarktis, 20.1.1989	680 t	29.000 Pinguine
Exxon Valdez	Alaska, 24.3.1989	42.000 t	33.000 Singvögel, 1000 Ottern, Grauwale, Robben
Haven	Genua, 11.4.1991	143.000 t	
Sea Star	Straße von Hormus, 1991	144.00 t	
Sea Empress	Südwales, 15.02.1996	85.000 t	25.000 Seevögel
Atlantic Empress	Venezuela, 1997	287.000 t	
Deepwater-Horizon	Golf von Mexiko, 20.04.2010	670.000 t	

Angaben aus Brügmann, 1993, FAZ 19.11.2002 und Südwestpresse Um (04.08.2010)

4.3.8 Entwicklung des Brutbestandes von Seevögeln nach Ölkatastrophen

Aufgeführt ist ein Beispiel aus der Bretagne, wo sich einige Tankerhavarien mit Öl-Austritten ereigneten. Das Beispiel soll verdeutlichen, wie lang eine Vogelpopulation braucht, um sich von derartigen Eingriffen zu erholen.

- März/April 1967: Torrey Canyon, Ölverlust 120.000 t,
- April 1978: Amoco Cadiz, Ölverlust 2.230.000 t.

Vogelart	Zahl der Brutpaare im Jahr					
	1960	1965	1967	1973	1977	1978
Basstölpel	1150	2600	2500	3800	4450	4500
Krähenscharbe	195	175	125	140	150	100
Mantelmöwe	28	28	25	40	52	57
Heringsmöwe	350	80	70	25	18	17
Silbermöwe	4000	4200	3700	3900	3200	2550
Dreizehenmöwe	51	30	25	34	51	56
Trottellumme	400	200	50	140	200	130
Tordalk	350	340	40	20	60	35
Papageientaucher	3000	2000	240	360	430	240

Angaben aus Heinrich und Hergt, 1990

4.3.9 Anreicherung von PCB in marinen Organismen der Nordsee

PCB = Polychlorierte Biphenyle; es gibt ca. 100 verschieden PCBs, die unterschiedlich giftig sind.

Die Zahlen geben die Anreicherung der PCBs in einer typischen Nahrungskette von Organismen der Nordsee. Da PCBs lipophil sind, reichern sich vor allem im Fettgewebe der Tiere an.

Medium	PCB-Gehalt in mg/l bzw. in mg/kg Fett	Anreicherungsfaktor
Wasser	0,000002	1
Sediment (Trockengewicht)	0,005 bis 0,16	2500 bis 80.000
Pflanzliches Plankton	etwa 8	4 Millionen
Tierisches Plankton	etwa 10	5 Millionen
Wirbellose	5 bis 11	2,5 bis 5,5 Millionen
Fische	1 bis 37	0,5 bis 18,5 Millionen
Seevögel	110	55 Millionen
Meeressäuger	160	80 Millionen

Angaben aus Fischer ÖKO-Almanach, 91/92

Literatur

Ahlheim, K.-H. (Hrsg.): Wie funktioniert das? Die Umwelt des Menschen. Meyers Lexikonverlag, Mannheim 1989

Bick, H.: Ökologie. Stuttgart 1989

Brügmann, Lutz: Meeresverunreinigungen. Berlin 1993

Fritsch, B.: Mensch – Umwelt – Wissen. Evolutionsgeschichtliche Aspekte des Umweltproblems. Zürich, Stuttgart 1990

Heinrich, D. u. M. Hergt: dtv-Atlas Ökologie, Stuttgart 1990

Holl u.a.: Zellbiologie – Ökologie. Hannover 1988

Jäkel, U.: Umweltschutz. Stuttgart 1992

Klett PRISMA Biologie, Naturphänomene und Technik, 2015

Kuttler, W. (Hrsg.): Handbuch zur Ökologie. Berlin 1993

Lerch, G.: Pflanzenökologie. Berlin Akademie-Verlag 1991

Lexikon der Biologie, Schmitt, M. (Hrsg.): Band 10. Freiburg 1992

Michelsen, G. (Hrsg.): Der Fischer-Öko Almanach 91/92. Frankfurt/M. 1991

Phillip, E. u.a.: Materialien SII Biologie Ökologie, Braunschweig, 2005

Rudloff, v.: Geographie heute, H. 107, 1992

Schubert, R. (Hrsg.): Lehrbuch der Ökologie. Jena 1984

Schumann, W.: Knauers Buch der Erde. Stuttgart 1974

Sukopp, H. u. R. Wittig: Stadtökologie. Stuttgart 1993

Walter, H. u. S. Breckle: Ökologie der Erde, Band 1 - 3. Stuttgart 1983 ff

Wegener, U. (Hrsg.): Schutz und Pflege von Lebensräumen. Stuttgart 1991

Wittig, R.: Wasser, Lösungsmittel, Lebensraum und Ökofaktor. Wiesbaden. 1979

Xylander, W. u. F. Nagelschmid: Gewässerbeobachtung, Gewässerschutz. Edition Freizeit und Wissen, Stuttgart 1985

Biomasse, Energieumsetzungen und Produktivität von Ökosystemen 5

5.1 Angaben zur Biomasse verschiedener Ökosysteme

5.1.1 Geschätzte Menge und Verteilung der Biomasse auf der Erde

Quelle: FOCUS Magazin, Nr. 17 (2010), 26.04.2010,

Daten von Martin Heimann (Physiker)

Kohlenstoff (C) ist die Basis aller organischen Verbindungen. Damit ist er Bestandteil aller Lebensformen der Erde. Bei den meisten Organismen liegt der Gehalt an Kohlenstoff bei circa 30 bis 50 Prozent der Trockenmasse. Deshalb gibt man oft nur den Kohlenstoff an, wenn es um globale Angaben der Masse von Lebewesen geht.

Die gesamte lebende Biomasse der Welt wird auf 1000 Mrd. t (= 1000 Gt) Kohlenstoff (C) geschätzt.

Durch Verbrennung von Kohle, Öl und Gas werden zurzeit weltweit etwa 8 Gigatonnen Kohlenstoff jährlich verbraucht.

Diese Menge – gleichmäßig auf dem Globus verteilt – ergäbe eine 1,5 mm dicke Kohlenstoffschicht.

Etwa die Hälfte der Biomasse verteilt sich auf Bakterien und Viren (im Boden, im Sediment der Meere).

Etwa die andere Hälfte entfällt auf die Landpflanzen, davon ¾ auf die Wälder.

Die Menge an marinem Plankton beträgt weniger als 3 Gt.

Die tierische Biomasse ist im Gegensatz zur pflanzlichen verschwindend gering.

Verteilung der tierischen Biomasse:

- Landfauna: ca. 1,5 Gt C, darunter 0,4 Gt C die Würmer, 0,4 Gt C die Arthropoden,
- alle Säuger 0,082 Gt C, davon die Nutztiere 0,078 Gt C.

© Springer-Verlag Berlin Heidelberg 2016
D. Kalusche, *Ökologie in Zahlen*, DOI 10.1007/978-3-662-47987-2_5

Fauna der Ozeane
- Fische 0,3 Gt C,
- Krebse 0,3 Gt C.

Biomasse Mensch (im Bezugsjahr 2010: 6,9 Mrd.) 0,23 Gt C

5.1.2 Zahlen zur Biomasseproduktion auf der Erde

Biomasse der gesamten Biosphäre	$1,843 \times 10^9$ t
davon autotrophe Phytomasse:	99 %
Heterotrophe	1 %
Aufschlüsselung der heterotrophen Biomasse (= 100 %):	
– pflanzliche Heterotrophe	99,9 %
– Zoomasse (inkl. Mensch)	0,1 %
Die Zoomasse beträgt ca. $2,3 \times 10^9$ t	
Verteilung der Phytomasse auf der Erde:	
– Die Phytomasse der Landökosysteme ist 500-mal so groß wie die der Gewässerökosysteme. 90 % der Phytomasse der Landökosysteme befindet sich in den Wäldern der Erde.	

Angaben aus Strasburger, 1991

5.1.3 Verteilung der jährlichen Biomasseproduktion auf der Erde

Produktionsbereich	% der Gesamtbiomasse
Landwirtschaftliche Güter	5 %
Wälder i. w. S.	45–47 %
Übrige Vegetation	13–17 %
Phytoplankton	31–37 %

Angaben aus Lexikon Biologie, Band 10, 1992

5.1.4 Biomasse der Menschen im Vergleich zur Biomasse der Biosphäre

Gewicht der gesamten Biomasse der Biosphäre	$1,84 \times 10^{15}\,kg$
Gewicht der Biomasse „Mensch" im Jahr 2014 (bei 7,2 Mrd. Menschen und einem Durchschnittsgewicht von 70 kg)	$5,04 \times 10^{11}\,kg$

Angaben aus Fritsch, 1990

Das bedeutet, dass das Gewicht aller Menschen ein Fünfhunderttausendstel ($1/10^5$) der gesamten Biomasse ausmacht.

5.1.5 Biomassen eines mitteleuropäischen Eichen-Hainbuchen-Mischwaldes

Die Angaben gehen auf Berechnungen von Duvigneaud in einem Wald in Belgien zurück; diese sind ein „Klassiker" unter den Biomasse-Erhebungen.

Gewichtsangaben als Trockensubstanz in t/ha; die Erhebungen wurden im Sommer durchgeführt.

Organismengruppe	Menge	Prozent der gesamten Biomasse
Grüne Pflanzen		
Blätter der Holzpflanzen	4 t/ha	1,3 %
Zweige	30 t/ha	10 %
Stämme	240 t/ha	75 %
Kräuter	1 t/ha	0,3 %
	275 t/ha	**86,6 %**
Wurzeln	38 t/ha	12 %
oberirdische Tiere (ungefähre Angaben)		
Vögel	0,0007 t/ha	
Großsäuger	0,0006 t/ha	
Kleinsäuger	0,0025 t/ha	
Insekten	unbekannt	
	>0,004 t/ha oder 3–5 kg/ha	**<0,1 %**

Angaben aus Strasburger, 1991

Organismengruppe	Menge	Prozent der gesamten Biomasse
Bodenorganismen (ungefähre Angaben)		
Regenwürmer	0,5 t/ha	0,64 %
übrige Bodentiere	0,3 t/ha	0,38 %
Bodenflora	0,3 t/ha	0,38 %
	1,0 t/ha	**1,4 %**

Angaben aus Strasburger, 1991

5.1.6 Durchschnittliche und maximale Nettoassimilationsrate von Sprosspflanzen

Nettoassimilationsrate = ist die auf die Fläche bezogene Assimilationsrate nach Abzug des Eigenverbrauchs (durch Atmung) einer Pflanze.

Die Angaben sind in mg Trockensubstanz pro dm^2 Blattfläche und Tag.

Pflanze	Durchschnitt über die Vegetationsperiode	Während der Haupt-wachstumsphase
C4-Gräser	über 200	400–800
Krautige C3-Pflanzen:		
Gräser	0–150 (180[a])	70–200 (270[a])
Dicotyledonen	50–100	(60[b]) 100–600
Holzpflanzen:		
Tropische und subtropische Kultur-pflanzen	(5[c]) 10–20	30–50
Sommergrüne Bäume der gemäßig-ten Zone (Jungpflanzen)	10–15	30–100
Coniferen (Jungpflanzen)	3–10	10–50
Ericaceen-Zwergsträucher	5–10	um 15
CAM-Pflanzen	2–4	15–18[d]

[a]Reis, [b]Hochgebirgspflanzen, [c]Kakao, [d]Ananas. Angaben aus Lexikon Biologie, Band 10, 1992

Erläuterungen
C₃-Pflanzen

Bei ihnen entstehen nach der Eingliederung des CO_2 im Verlauf der Photosynthese als erste stabile Zwischenprodukte zwei Triosen (Kohlenhydrate mit 3C-Atomen); diesem Typ gehören alle Wasserpflanzen und die meisten Landpflanzen an.

C₄-Pflanzen

Bei ihnen entstehen als erste stabile Zwischenprodukte C_4-Körper (Malat oder Aspartat). Von der Produktivität her gesehen sind C_4-Pflanzen wesentlich effektiver als C_3-Pflanzen. Sie brauchen allerdings hohe Beleuchtungsstärken (Tropen und Subtropen). Zu den C_4-Pflanzen gehören bedeutende Kulturpflanzen wie Mais oder Zuckerrohr. Bisher ca. 1000 Arten bekannt.

CAM-Pflanzen (= Crassulacean Acid Metabolism)

Nehmen vor allem nachts bei geöffneten Spaltöffnungen CO_2 auf und verarbeiten es tagsüber, wenn sie die Stomata wieder schließen. Dadurch können sie die Transpiration drosseln. Zu diesem Photosynthese-Typ gehören daher viele Sukkulente.

5.1.7 Physiologische Kenngrößen zur CO2-Assimilation von C3-, C4- und CAM-Pflanzen

Zur Erklärung von C_3-, C_4- und CAM-Pflanzen siehe Abschn. 5.1.6.

Die Lichtsättigung, bzw. der Lichtsättigungspunkt bezeichnet den Punkt, ab dem die Photosyntheseleistung einer Pflanze durch Erhöhung der Lichtintensität nicht mehr gesteigert werden kann.

a) **Angaben aus Bick, 1989**

	C₃	C₄	CAM
Optimale Temperatur (T °C)	15–25	30–45	≈35
Lichtsättigung der CO_2-Assimilation (*Kilolux*)	30–80	80	<80
Wasserbedarf für 1 g Trockengewicht (ml)	450–950	230–250	50–55
Maximale CO_2-Assimilation (mg $CO_2 \times dm^{-2} \times h^{-1}$)	15–35	40–80	0,5–0,7
Wachstumsrate (1 g Trockengewicht $\times dm^{-2} \times d^{-1}$)	0,5–2	3–5	0,01–0,02

b) Angaben aus Nentwig et al., 2011

Parameter	C_3	C_4	CAM
optimale Umge-bungstemperatur (°C)	15–30	30–40	bei Licht 30–40 bei Nacht 10–15
Lichtsättigung der CO_2-Assimilation	bei mittlerer Be-leuchtungsstärke	nicht erreichbar	bei mittleren bis hohen Beleuchtungs-stärken
Wasserbedarf (in ml g^{-1} Trockengewicht)	450–950	230–250	50–55
Nettophotosynthese μmol CO_2 m^{-2} s^{-1}	15–60	50–68	20–34
maximale Erträge (kg m^{-2} a^{-1})	5–10	5–8	3–5

5.1.8   Eckdaten zur Produktivität

Anmerkung: Die Abschn. 5.1.8 und 5.1.9 hängen inhaltlich eng zusammen und beziehen sich auf die gleichen Ökosysteme. Jede Zusammenstellung hat jedoch eine eigene Aussage.

Diese Tabelle gibt die Mengen an Chlorophyll sowie die zur Photosynthese zur Verfügung stehende Blattfläche und die von den Konsumenten umgesetzten Mengen an organischer Substanz (bezogen auf das Kohlenstoffgewicht) an.

Öko-systeme	Gewichtsangaben in Kohlenstoffgewicht						
	Fläche	Chloro-phyll	Blatt-fläche	Streu-schicht	Tieri-sche Kon-sumtion	Tieri-sche Produk-tion	Tieri-sche Bio-masse
	(10^6 km²)	(10^6 t)	(10^6 km²)	(10^9 t)	(10^6 t/a)	(10^6 t/a)	(10^6 t/a)
Offene Meere	332,0	10,0	–	–	16.600	2500	800
Tiefenwas-ser-Auf-triebszonen	0,4	0,1	–	–	70	11	4

Angaben aus Lexikon Biologie, Band 10, 1992, dort nach Whittaker

Öko-systeme	Gewichtsangaben in Kohlenstoffgewicht						
	Fläche	Chloro-phyll	Blatt-fläche	Streu-schicht	Tieri-sche Kon-sumtion	Tieri-sche Produk-tion	Tieri-sche Bio-masse
	$(10^6\,km^2)$	$(10^6\,t)$	$(10^6\,km^2)$	$(10^9\,t)$	$(10^6\,t/a)$	$(10^6\,t/a)$	$(10^6\,t/a)$
Kontinen-talsockel	26,6	5,3	–	–	3000	430	160
Algenrasen und Riffe	0,6	1,2	–	–	240	36	12
Ästuare	1,4	1,4	–	–	320	48	21
Seen und Fließge-wässer	2,0	0,5	–	–	100	10	10
Insgesamt aquatische Systeme	363	18,5	–	–	20.330	3035	1007
Sümpfe und Moore	2,0	6,0	14	5,0	320	32	20
Wüsten-, Fels- und Eisflächen	24,0	0,5	1,2	0,03	0,2	0,02	0,02
Halbwüsten	18,0	9,0	18	0,36	48	7	8
Polnahe und alpine Tundren	8,0	4,0	16	8,0	33	3	3,5
Gras-fluren der gemäßigten Zonen	9,0	11,7	32	3,6	540	80	60
Steppen und Savannen	15	22,5	60	3,0	2000	300	220
Buschland	8,5	13,6	34	5,1	300	30	40
Boreale Wälder	12,5	36,0	144	48,0	380	38	57

Angaben aus Lexikon Biologie, Band 10, 1992, dort nach Whittaker

Öko-systeme	Gewichtsangaben in Kohlenstoffgewicht						
	Fläche	Chloro-phyll	Blatt-fläche	Streu-schicht	Tieri-sche Kon-sumtion	Tieri-sche Produk-tion	Tieri-sche Bio-masse
	$(10^6\,km^2)$	$(10^6\,t)$	$(10^6\,km^2)$	$(10^9\,t)$	$(10^6\,t/a)$	$(10^6\,t/a)$	$(10^6\,t/a)$
Wälder der gemäßigten Zonen							
– Sommer-grüne Wälder	7,0	14,0	35	14,0	420	42	110
– Immer-grüne tem-perate Wälder	5,0	17,5	60	15,0	260	26	50
– Regen-grüne Wälder	7,5	18,8	38	3,8	720	72	90
– Tropi-sche Wälder	17,0	51,0	136	3,4	2600	260	330
Landwirt-schaftlich genutzte Flächen	14,0	21,0	56	1,4	90	9	6
Insgesamt terres-trische Systeme	147	226	644	111	7710	899	995
Öko-systeme gesamt	510	244	–	–	28.040	3934	2002

Angaben aus Lexikon Biologie, Band 10, 1992, dort nach Whittaker

5.1.9 Nettoprimärproduktion und Biomasse der hauptsächlichen Ökosystemtypen der Erde

Siehe Vorbemerkung zu Abschn. 5.1.8.

Diese Tabelle gibt die in den Hauptökosystemen der Erde erzeugte Masse an organisch gebundenem Kohlenstoff an.

Ökosysteme	Fläche	Masse organisch gebundenen Kohlenstoffs			
		Netto-Produktionsrate		Weltweite Nettoprod.	Weltweite Bio-massen
		übliche Spanne	u. Mitte		
	(10^6 km²)	(g/m²/a)	(g/m²/a)	(10^9 t/a)	(10^9 t)
Offene Meere	332,0	2	−400	125	41,5	1,0
Tiefenwasser-Auftriebszonen	0,4	400	−1000	500	0,2	0,008
Kontinental-sockel	26,6	200	−600	360	9,6	0,27
Algenrasen und Riffe	0,6	500	−4000	2500	1,6	1,2
Ästuare	1,4	200	−3500	1500	2,1	1,4
Seen und Fließgewässer	2,0	100	−1500	250	0,5	0,05
Insgesamt aquatische Systeme	363		−	−	55,5	3,9
Sümpfe und Moore	2,0	800	−3500	2000	4,0	30
Wüsten-, Fels und Eisflächen	24,0	0	10	3	0,07	0,5
Halbwüsten	18,0	10	−250	90	1,6	13
Polnahe und alpine Tundren	8,0	10	−400	140	1,1	5
Grasfluren der gemäßigten Zonen	9,0	200	−1500	600	5,4	14
Steppen und Savannen	15	200	−2000	900	13,5	60

Angaben aus Lexikon der Biologie, Band 10, 1992, dort nach Whittaker

Ökosysteme	Fläche	Masse organisch gebundenen Kohlenstoffs			
		Netto-Produktionsrate		Weltweite Nettoprod.	Weltweite Bio- massen
		übliche Spanne	u. Mitte		
	$(10^6 km^2)$	$(g/m^2/a)$	$(g/m^2/a)$	$(10^9 t/a)$	$(10^9 t)$
Buschland	8,5	250 −1200	700	6,0	50
Boreale Wälder	12,5	400 −2000	800	9,6	240
Wälder der gemäßigten Zonen					
– Sommer- grüne Wälder	7,0	600 −2500	1200	8,4	210
– Immergrüne temperate Wälder	5,0	600 −2500	1300	6,5	175
– Regengrüne Wälder	7,5	1000 −2500	1600	12,0	260
Tropische Wälder	17,0	1000 −3500	2200	37,4	765
Landwirt- schaftlich ge- nutzte Flächen	14,0	100 −3500	650	9,1	14
Insgesamt terrestrische Systeme	147	–	–	115	1837
Ökosysteme gesamt	510	–	–	170	1841

Angaben aus Lexikon der Biologie, Band 10, 1992, dort nach Whittaker

5.1.10 Die Nahrungspyramiden eines Land- und eines Gewässer-Ökosystems

Je höher ein Tier in der Nahrungspyramide steht, desto größer ist der Lebensraum, den es benötigt, und desto weniger Nachkommen kann es auf einer bestimmten Fläche großziehen.

Die Anordnung erfolgte nach der Größe des beanspruchten Lebensraumes.

Tierart	Lebensraum in ha	Durchschnittliche Zahl der Nachkommen pro Jahr auf 10.000 ha
Land-Ökosystem		
Steinadler	8000–14.000	1–2
Uhu	6000–8000	4–6
Fuchs	700–1500	40–100
Mäusebussard	100–800	60–90
Feldhase	15–30	3600–10.000
Rebhuhn	30	4800–12.000
Hermelin	8–12	5000–8500
Mauswiesel	4–6	12.000–17.000
Kaninchen	0,1–2	120.000–430.000
Maulwurf	0,005–0,01	15–18.000.000
Feldmaus	0,0005–0,001	75–100.000.000
Gewässer-Ökosystem		
Seeadler	6000–12.000	1–2
Fischotter	5000–7000	4–8
Rohrweihe	1000–2000	18–30
Haubentaucher	40–70	600–800
Graureiher	10	3800–6200
Blässhuhn	30	2400–3600
Knäkente	30–50	1800–3300
Stockente	10–30	11.000–16.000
Wanderratte	0,001–0,005	70–120.000.000

Angaben aus Klötzli, 1993

5.2 Energieumsetzungen

5.2.1 Ausnutzung der Sonnenenergie durch Pflanzen

Anteil der Sonnenstrahlung, der aus sichtbarem Licht besteht	**45 %**
Davon werden durch Photosynthese gebunden Dieser Betrag reicht aus für einen jährlichen Energiegewinn der Landpflanzen von $10,5 \times 10^{17}$ kJ.	0,025 %
Jährliche Netto-Primärproduktion als Trockensubstanz	
– der Landpflanzen	$105–125 \times 10^9$ t
– der Ozean-Pflanzen	$46–55 \times 10^9$ t
Jährliche Fixierung von Sonnenenergie durch Pflanzen	71×10^{17} kJ
zum Vergleich: menschliche Energieproduktion	$19,7 \times 10^{16}$ kJ

Angaben aus Strasburger, 1991

5.2.2 Globalstrahlung und Primärproduktion in einzelnen Ökosystemen

Da die Angaben von mehreren Autoren stammen, ergeben sich Schwankungen; die aufgeführten Spannen geben die am häufigsten zitierten Werte an.

Die Angaben zur Nettoprimärproduktion gehen von einer mittleren Strahlungsausnutzung durch die Photosynthese aus, die bei 0,5 % der Globalstrahlung liegt.

Ökozone	Globalstrahlung (10^8 kJ × ha^{-1})		Nettoprimärproduktion	
	während eines Jahres	während einer Vegetations- periode	Energiefixierung (10^8 kJ × ha^{-1} × a^{-1})	Trocken- gewicht (t × ha^{-1} × a^{-1})
1. Polare/sub- polare Zone	300–350	50–150	0,25–0,75	1– 4
2. Boreale Zone	350–450	150–300	0,75–1,50	4– 8
3. Feuchte Mittelbreiten	450–550	300–400	1,50–2,00	8–11
4. Trockene Mittelbreiten	500–650	150–300	0,75–1,50	4– 8

Angaben aus Schultz, 1988

Ökozone	Globalstrahlung (10^8 kJ $\times$ ha^{-1})		Nettoprimärproduktion	
	während eines Jahres	während einer Vegetations-periode	Energiefixierung (10^8 kJ $\times$ ha^{-1} $\times$ a^{-1})	Trocken-gewicht (t $\times$ ha^{-1} $\times$ a^{-1})
5. Trop./subtropische Trockengebiete	650–800	200–350	1,00–1,75	4–10
		100–200	0,50–1,00	3–5
6. Winterfeuchte Subtropen	550–700	200–300	1,00–1,50	5–8
7. Sommerfeuchte Tropen	650–750	350–550	1,75–2,75	10–15
8. Immerfeuchte Subtropen	500–650	500–650	2,50–3,25	14–18
9. Immerfeuchte Tropen	500–650	500–650	2,50–3,25	14–18

Angaben aus Schultz, 1988

5.2.3 Energiegehalte und -bedarf einiger Lebewesen und Stoffe

Stoff/Organismus	Energiegehalt in kJ pro g Trockengewicht
Kohlenhydrate	16,8
Eiweiße	21
Fette	38,6
lebende Substanz (Wassergehalt 2/3)	8,4
Holz (trocken)	19
Steinkohle	31,5
Heizöl	42
Landpflanzen	19
Algen	20,6
Wirbellose (ohne Insekten)	12,6

Angaben aus Klötzli, 1993

Stoff/Organismus	Energiegehalt in kJ pro g Trockengewicht
Insekten	22,7
Wirbeltiere	23,5
Täglicher Energiebedarf bei Normaltemperatur in kJ pro g Lebendgewicht	
Mensch	0,17 (entspricht 12.000 kJ/Tag für einen 70 kg schweren Erwachsenen)
kleiner Vogel oder Säuger	4,2
Insekt	2,1

Angaben aus Klötzli, 1993

5.2.4 Durchschnittliche Zahl der Trophiestufen in unterschiedlichen Ökosystemen

Angegeben sind die Primärproduktion, der Energieumsatz und die ökologische Effizienz. Die Anzahl der Trophiestufen (letzte Spalte) ist ein durchschnittlicher Wert aus der Anzahl möglicher Glieder einer Nahrungskette im jeweiligen Ökosystemtyp.

Ökosystemtyp	Nettoprimär-produktion in $kJ \times m^{-2} \times a^{-1}$	Konsum der Zoophagen in $kJ \times m^{-2} \times a^{-1}$	Ökologische Effizienz in %	Anzahl der Trophiestufen
Offener Ozean	2092	0,42	25	7,1
Bereich der Meeresküsten	33.472	42,0	20	5,1
Rasenökosysteme der mittleren Breiten	8368	4,2	10	4,3
Tropische Wälder	33.472	42,0	5	3,3

Angaben aus Kuttler, 1993, dort nach Ricklefs, 1990

5.2.5 Energiefluss in einem Buchenwald

Die Nettoprimärproduktion (= 100 %) teilt sich auf in	55 % Eigenbedarf, Vergrößerung der Biomasse
	45 % werden verbraucht, Weitergabe an Heterotrophe
Dieser Anteil (= 100 %) verteilt sich folgendermaßen	0,5 % an Pflanzenfresser,
	99,5 % sind tote organische Substanz
Aufteilung der toten organischen Substanz (= 100 %)	87,5 % durch Zersetzer (Pilze, Bakterien usw.) abgebaut,
	12 % durch abfallfressende Tiere

Angaben aus Kuttler, 1993

5.2.6 Beispiel für den ökologischen Wirkungsgrad im Verlauf einer Nahrungskette

Unter dem ökologischen Wirkungsgrad versteht man den Anteil an Energie, der von einer Trophiestufe auf die nächst höhere tatsächlich übergeht und wirksam wird. Als Faustregel kann man 105 ansetzen.

Trophiestufe	Energie (kJ) aufgenommen	Energie (kJ) gespeichert	ökologischer Wirkungsgrad
Primärproduzenten	70.500	35.000	
Primärkonsumenten	13.400	4525	19,0 %
Sekundärkonsumenten	1190	210	8,9 %
Tertiärkonsumenten	60	20	5,0 %

Angaben aus Kuttler, 1993

5.2.7   Energiefluss durch ein natürliches Plankton-Ökosystem

Angegeben sind die Werte für den Energiefluss durch den subtropischen Quellsee Silver Springs in Florida, der von dem amerikanischen Ökologen Odum untersucht wurde. Er gilt als Prototyp derartiger Untersuchungen.

Die Zahlenangaben in kJ pro m² beziehen sich auf ein Jahr.

Einstrahlung	7.140.000 kJ/m²
davon werden nicht absorbiert	5.418.000 kJ/m²
von den Primärproduzenten absorbierte Strahlung	1.722.000 kJ/m²
Von dieser Summe gehen verloren	
durch Atmung der Primärproduzenten	78.940 kJ/m²
durch Wärmeverlust der Primärproduzenten	1.634.600 kJ/m²
Übrig bleibt eine Nettoprimärproduktion von	37.100 kJ/m²
Diese verteilt sich folgendermaßen:	
Abfall der Primärproduzenten	22.950 kJ/m²
Aufnahme durch Pflanzenfresser	14.150 kJ/m²
Verteilung des an die Pflanzenfresser weitergegebenen Anteils:	
Atmung der Pflanzenfresser	7940 kJ/m²
Weitergabe an Fleischfresser I. Ordnung	1610 kJ/m²
deren Atmungsverlust	1330 kJ/m²
Weitergabe an Fleischfresser II. Ordnung	88 kJ/m²
deren Atmungsverlust	55 kJ/m²
Der Rest wird an die Zersetzer abgegeben; diese haben einen Atmungsverlust von	19.320 kJ/m²
Aus dem Ökosystem werden an Energie, gebunden an organische Stoffe, exportiert	10.500 kJ/m²
Der Gesamtatmungsverlust der Lebensgemeinschaft in diesem Quellsee beläuft sich auf	78.940 kJ/m²

Angaben aus Strasburger, 1991

5.2.8   Die Nutzung der Pflanzen durch Pflanzenfresser

Die Prozentzahlen geben an, wie viel % der Primärproduktion, also die von den Pflanzen insgesamt produzierte Biomasse, von Tieren in diesem Ökosystemtyp gefressen wird.

Ökosystemtyp	Nutzung
Tropenwälder	7–8,5%
Wälder der gemäßigten Zone	1,5–9%
Brauchland, 7–30-jährig (Kräuter, Gräser)	1–12%
Wiesenland	25–30%
Weideland (nur Anteil der Säugernahrung)	30–45%
tropische Grasländer (Uganda, Tansania, Indien)	30–60%
Quellgewässer	25–40%
Ozean (Phytoplankton)	60–99%

Angaben aus Klötzli, 1993

5.2.9 Die für den Energiestau in der pflanzlichen Biomasse erforderliche Zeit (Biomasse/Nettoproduktion)

Unter Energiestau versteht man den Zeitraum, in dem Energie in Biomasse festgelegt ist (= Verweildauer der Energie).

Das Beispiel für tropische Regenwälder zeigt, dass dort im Durchschnitt 2000 g Biomasse pro m² und Jahr produziert werden. Sie enthalten durchschnittlich 45.000 g Lebendbiomasse pro m².

Ökosystemtyp	Nettoprimärproduktion in $g \times m^{-2} \times a^{-1}$	Biomasse in $g \times m^{-2}$	Zeit in Jahren
Tropischer Regenwald	2000	45.000	22,5
Laubwald (gemäßigte Zone)	1200	30.000	25,0
Boreale Wälder	800	20.000	25,0
Sümpfe und Marschgebiete	2500	15.000	6,0
Rasenökosysteme (gemäßigte Breiten)	500	1500	3,0
Seen und Fließgewässer	500	20	0,04 (= 15 Tage)
Offener Ozean	125	3	0,024 (= 9 Tage)

Angaben aus Kuttler, 1993, dort nach Ricklefs, 1990

Nach der Formel

$$\text{Dauer des Energiestaus in Jahren (D)} = \frac{\text{Biomasse } (kJ \times m^{-2})}{\text{Nettoprimärproduktion } (kJ \times m^{-2} \times a^{-1})}$$

ergeben sich 22,5 Jahre.

5.2.10 Zunahme des Kohlenstoffgehalts bei der Inkohlungsreihe

Stoff	geologisches Alter	Gehalt an				Heizwert in 1000 kJ/kg
		C	H	O	N	
Holz	Gegenwart	50%	6%	43%	1%	16
Torf	Gegenwart	60%	6%	33%	1%	20–24
Braunkohle	5 Mill. Jahre	73%	6%	19%	1%	24–28
Steinkohle	500 Mill. Jahre	83%	5%	10%	1%	28–32
Anthrazit	1 Mrd. Jahre	94%	3%	2%	1%	32–36
Graphit		100%				

Angaben aus Schumann, 1974 u. Kalusche, 1999

5.2.11 Energieverbrauch und Bevölkerungsentwicklung

Kulturstufe	Bevölkerung/km²	kWh/Tag und Kopf	kW/Kopf
Sammler und Jäger	2,5	2,5	ca. 0,1
Agrargesellschaft	25	25	ca. 1,0
Industriegesellschaft	250	250	ca. 10

Angaben aus Fritsch, 1990

Die rasante Vermehrung der menschlichen Population geht einher mit einer drastischen Erhöhung des Energieverbrauchs. Dieser vollzog sich in den letzten 200 Jahren überproportional stark.

5.3 Globale Stoffkreisläufe

5.3.1 Globaler Kohlenstoffkreislauf

Gesamtreservoir an Kohlenstoff in der Atmosphäre, geschätzt: 720 Mrd. t

Prozess	Verbrauch	Abgabe in die Atmosphäre
Atmung		50 Mrd. t
Photosynthese	100 Mrd. t	
Verwesung im Boden		50 Mrd. t
biologische und chemische Prozesse im Meer; Vulkanismus	104 Mrd. t	100 Mrd. t
fossile Brennstoffe		5 Mrd. t
Brandrodung		2 Mrd. t

Angaben aus Kuttler, 1993

Z. Z. werden jährlich ca. 3 Mrd. t zusätzlicher Kohlenstoff in Form von CO_2-C in die Atmosphäre exportiert. Dies entspricht einer Zunahme der atmosphärischen CO_2-Konzentration um etwa 1,5 ppm pro Jahr.

Die Bilanzierung zeigt, dass nur durch eine Verminderung der Verbrennung fossiler Brennstoffe und einer Einschränkung der Brandrodung das Anwachsen des CO_2-Pools in der Atmosphäre gebremst werden kann.

5.3.2 Die globalen Kohlenstoff-Vorräte der Erde, ihre Verweildauer und jährlicher Umsatz

Reservoir	C-Gehalt in 10^9 t	Verweilzeit in Jahren	Umsatz/Jahr in 10^9 t C
Atmosphäre	720	4	18
– Kohlenstoffdioxid	6,24	3,6	1,7
– Methan	0,23	0,1	2,3
Land			
– tote Substanz	1200	40	30
– lebende Substanz	560	11	50

Angaben aus Kuttler, 1993 u., Fritsch, 1990

Reservoir	C-Gehalt in 10^9 t	Verweilzeit in Jahren	Umsatz/Jahr in 10^9 t C
Ozeane			
– lebende Pflanzen	17,4	0,07	248,5
– organisches C (Partikel)	30		
– organisches C (gelöst)	1000	2000	0,5
– CO_2/HCO_3^-	42.000	385	109
Lithosphäre			
– Calciumcarbonat	$35,0 \times 10^6$	342×10^6	0,1
– Calciummagnesium-carbonat (Dolomit)	$25,0 \times 10^6$	342×10^6	0,073
– organische Sedimente	$15,0 \times 10^6$	342×10^6	0,044
Fossile Brennstoffe	4130		
– Kohle	3510		
– Erdöl	230		
– Erdgas	140		
– Sonstiges	250		

Angaben aus Kuttler, 1993 u., Fritsch, 1990

5.3.3   Kohlenstoffspeicherung an Land und in Ozeanen

Land	gespeicherter Kohlenstoff in Gt	Ozeane	gespeicherter Kohlenstoff in Gt
Landpflanzen	562	Phytoplankton	20
Tiere	54	Zooplankton und Fische	20
tote organische Substanz	54	tote organische Substanz	20
Bodenatmung	54	Wasseraustausch	20
Kohle und Erdöl	10.000	oberflächennahes Meerwasser	97

Angaben aus Klötzli, 1993

Land	gespeicherter Kohlenstoff in Gt	Ozeane	gespeicherter Kohlenstoff in Gt
		Tiefsee	100
		Ozeanwasser	35.000
		Sedimente	20.000.000

Angaben aus Klötzli, 1993

5.3.4 Die Verteilung des Stickstoffs auf der Erde

Region	Stickstoff g/cm²
Atmosphäre	755
Biosphäre	0,036
Hydrosphäre (ausschließlich gelöster N_2)	0,033
Erdkruste (rohe Schätzung)	2500

Angaben aus Strasburger, 1991

5.3.5 Globale NOx-Emissionen

Stand um 1988

Vorgang	natürlich in 10^6 t N × a^{-1}	anthropogen in 10^6 t N × a^{-1}
Waldbrände	0,02–0,07	0,8–3,4
Steppenbrände	0,1–0,2	0,8–0,2
Gewitter	7,5–15	–
NH_3-Oxidation	?	0,2–5
N_2O-Oxidation	0,6–3	0,4–2
Mikrobielle Bodenprozesse	7	0,5
Technogene Prozesse	–	20
Summe	**16–20**	**22–27**

Angaben aus Kuttler, 1993

Die Gegenüberstellung zeigt, dass die Freisetzung von Stickoxiden durch vom Menschen beeinflusste Prozesse die natürliche Emission überwiegt. Insbesondere wird durch technische Prozesse (Verkehr) sehr viel an NO_x erzeugt.

Bei der anthropogenen N_2O-Emission handelt es sich um Folgen der mineralischen Düngung.

Literatur

Fritsch, B.: Mensch – Umwelt – Wissen. Evolutionsgeschichtliche Aspekte des

Kalusche, D.: Ökologie, 3. Aufl., Heidelberg 1999

Klötzli, F.: Ökosysteme. 3. Aufl. Stuttgart 1993

Kuttler, W. (Hrsg.): Handbuch zur Ökologie. Berlin 1993

Lexikon der Biologie, Schmitt, M. (Hrsg.): Band 10. Freiburg 1992

Schultz, J.: Die Ökozonen der Erde. Stuttgart 1988

Schumann, W.: Knauers Buch der Erde. Stuttgart 1988

Strasburger, Hrsg. Von Sitte u.a.: Lehrbuch der Botanik, 33. Aufl. Stuttgart 1991

Umweltproblems. Zürich, Stuttgart 1990

Ökologisch und ökophysiologisch relevante Daten **6**

Dieses Kapitel enthält vermischte Angaben, die von allgemeinem ökologischen Interesse sind. Es überwiegen naturgemäß die Angaben für Pflanzen.

6.1 Sukzessionen

Hier sind einige ausgewählte Daten zu Sukzessionen bzw. zur Besiedlung von Inseln angegeben.

6.1.1 Besiedlung der Insel Surtsey

Die bei Island gelegene Insel Surtsey entstand 1965/66 neu durch vulkanische Tätigkeiten. Sie ist ein Studienobjekt für Besiedlungsvorgänge geworden. Surtsey liegt 30 km südlich vor der Küste Islands. Die nächste, kleinere Insel ist 5,5 km entfernt. Surtsey ist ein Studienobjekt für Ökologen.

2004 war allerdings bereits die Hälfte der Insel durch Wellenschlag wieder zerstört.

Besiedlung durch Pflanzen:

Jahr	nachgewiesene Pflanzen
1967	erste Moose (*Funaria hygrometrica* und *Bryum argentatum*)
1968	8 Arten Cyanophyten (Blaualgen),
	ca. 100 andere Algenarten,
	darunter 74 Diatomeen-Arten

Angaben aus Walter und Breckle, 1983, ergänzt durch Angaben von Katharina Kramer u. Jonathan Olley; Spiegel online, 09.07.2004

D. Kalusche, *Ökologie in Zahlen*, DOI 10.1007/978-3-662-47987-2_6

Jahr	nachgewiesene Pflanzen
1970	erste Flechten
	16 Arten Moose
1971	Zerbrechlicher Blasenfarn (*Cystopteris fragilis*)
	4 Arten Blütenpflanzen
1973	13 Arten Blütenpflanzen mit 1273 Individuen

Angaben aus Walter und Breckle, 1983, ergänzt durch Angaben von Katharina Kramer u. Jonathan Olley; Spiegel online, 09.07.2004

Pflanzliche Biomasse nach Erhebungen auf drei dicht besiedelten Quadratmetern:

1971	0,518 g pro m^2
1972	3,412 g pro m^2

Besiedlung durch Tiere:

Jahr	nachgewiesene Tiere
1970	112 Insektenarten
	24 Spinnenarten
1967	29 Arten von Zugvögeln,
	13 Vogelarten, die Meeresküsten besiedeln
1975	erste Springschwänze
	75.000 Springschwänze pro m^2
1990	150 Brutpaare von Sturm-, Mantelmöwen und Eissturmvögeln
1999	mehr als 300 Brutpaare

75 % der Gefäßpflanzen wurden durch Vögel auf die Insel gebracht, 14 % durch den Wind.

6.1.2   Die Wirksamkeit der Verbreitungsmittel von Pflanzen bei der Wiederbesiedlung der Insel Krakatau

Auf der Insel Krakatau, zwischen Sumatra und Java gelegen, wurde 1883 durch einen Vulkanausbruch (Explosion) alles Leben vernichtet. Die Flora musste von den 19 bis 40 km entfernten Nachbarinseln einwandern:

nach 1 Jahr	Insel noch vegetationslos
nach 3 Jahren	26 Arten höherer Pflanzen
nach 25 Jahren	lichtes Pflanzenkleid
nach 50 Jahren	Insel mit Sekundärwald

Angaben aus Eschenhagen, 1986

Bei der Wiederbesiedlung waren mehrere Verbreitungsfaktoren maßgebend.
Die Zahlen bedeuten Prozentangaben bezogen auf das Gesamtartenspektrum der Insel.

Verbreitungs-art	bis 1886	1897	1908	1920	1928	1934
Wind	62	44	28	35	42	41
Seedrift	38	47	52	36	33	28
Tiere	–	9	20	19	23	25
Mensch	–	–	–	9	2	8
Zahl der Arten (absolut)	26	64	115	184	214	271

6.1.3 Die Zahl der auf Krakatau heimischen Landpflanzen und Landvogelarten

Angaben zu Krakatau s. auch Abschn. 6.1.2.

Die Spalte „Zeit" gibt das Erhebungsjahr und in Klammer („t = …") die Jahre, die seit dem Vulkanausbruch vergangen sind, durch den alles Leben auf der Insel vernichtet wurde (1883).

Zeit	Zahl der Pflanzenarten	Zahl der Vogelarten
1883 (t = 0)	0	0
1886 (t = 3)	26	0
1897 (t = 14)	64	8
1908 (t = 25)	115	13
1920 (t = 37)	184	27
1928 (t = 45)	214	27
1934 (t = 51)	271	29

Angaben aus Purves et al., 2011

6.1.4   Anteil der Ferntransport-Arten bei der Besiedlung mit Gefäßpflanzen einiger ostpazifischer Inseln

Bei jeder Insel ist die Entfernung zum Festland oder zur nächst größeren Inselgruppe angeben, sowie die höchste Erhebung der Insel.

„Mindestzahl" gibt die Kalkulierte Mindestzahl an Einwanderern an, die für die Ausbildung der rezenten heimischen Flora notwendig war.

Die Prozentangaben beziehen sich auf die Mindestzahl an Ersteinwanderern.

Hawaii	
Distanz zum Festland	3200 km
höchste Erhebung	4205 m
Artenzahl heute	1200
Mindestzahl	256
Ansiedlung über:	
– Windverbreitung	1,4 %
– Meeresströmung	22,8 %
Vögel	
– Beeren	31,8 %
– Widerhaken, Borsten	12,8 %
– Schlamm an Füßen	12,8 %
– klebrige Früchte, Samen	10,3 %
San Clemente-Island	
Distanz zum Festland	100 km
höchste Erhebung	590 m
Artenzahl heute	233
Mindestzahl	233
Ansiedlung über:	
– Windverbreitung	18 %
– Meeresströmung	8,1 %
Vögel	
– Beeren	40,0 %
– Widerhaken, Borsten	10,3 %

Angaben aus Schubert, 1984

– Schlamm an Füßen	18,4 %
– klebrige Früchte, Samen	5,1 %
Rarotonga (Cook-Island)	
Distanz zum Festland	800 km
höchste Erhebung	675 m
Artenzahl heute	235
Mindestzahl	107
Ansiedlung über	
– Windverbreitung	11,2 %
– Meeresströmung	35,5 %
Vögel	
– Beeren	31,8 %
– Widerhaken, Borsten	10,3 %
– Schlamm an Füßen	2,8 %
– klebrige Früchte Samen	7,4 %
Galapagos-Inseln	
Distanz zum Festland	800 km
höchste Erhebung	1707 m
Artenzahl heute	543
Mindestzahl	308
Ansiedlung über:	
– Windverbreitung	4,3 %
– Meeresströmung	23,1 %
Vögel	
– Beeren	27,7 %
– Widerhaken, Borsten	22,8 %
– Schlamm an Füßen	13,7 %
– klebrige Früchte, Samen	8,5 %

Angaben aus Schubert, 1984

Der Anteil der Anemochoren (Windverbreitung) sinkt mit wachsender Entfernung zum Festland; Ornithochore (Vogelverbreitung) überwiegen überall, besonders auf hohen Inseln; Hydrochore (Wasserverbreitung) sind auf niedrigen Inseln relativ zahlreich.

6.1.5   Der Anteil an Endemiten an der Flora einiger ausgewählter Inseln

Endemiten sind Organismen, die – in diesem Fall – nur auf der abgegebenen Insel vorkommen. In der zweiten Spalte ist der Abstand zum nächstgelegenen Festland angegeben.

Insel bzw. Archipel	Anteil an Endemiten in %	Abstand zum Festland in km
Fernando Po (=Bioko) (Golf von Guinea/Afrika)	12,0	100
Kanarische Inseln	53,3	170
Sao Tomé (Golf von Guinea)	19,4	250
Kapverdische Inseln	15,0	500
Juan Fernandes (zu Chile)	66,7	750
Madeira	10,5	970
Galapagos-Inseln	40,9	1120
Azoren	36,0	1450
St. Helena (Südatlantik)	88,9	1920
Hawaii-Inseln	94,4	4400
Marquesas-Inseln (Polynesien)	52,3	6000

Angaben aus Wittig, Geobotanik, 2012

6.2   Leistungen von Pflanzen

6.2.1   Häufige Zusammensetzung verschiedener Organismen bzw. -teile

Die Angaben erfolgen in % der Trockensubstanz.

Bei den Werten unter den Klammern wird nur die Summe der zusammengefassten Inhaltsstoffe angegeben.

	Cel-lulose	Lig-nin	He-micell.	Zucker Stärke	Ei-weiß	Fette Wachse Harze	Asche	C/N
Nadelhölzer								
Holz	44	30	15	1,1	1,3	7,7	0,3	100–400
Zuwachs	44	18	9	16	4,0	5,8	4,2	40–80
Laubhölzer								
Holz	47	20	24	0,8	2,5	1,8	0,3	100–400
Zuwachs	37	12	14	23	6,4	2,8	4,2	30–50
Wurzelholz	33	22	18		1,6	1,3	1,3	190
Feinwurzeln	19	33	10	>3	5,4	3,1	3,4	55
Wiesen								
Sprosse	**31**			50	8,7	2,7	7,6	10–40
Wurzeln	28	18	**27**		7,5	8,5		10–40
Getreide								
Stroh	39	24	25		2,0	(2)	5,0	50–100
Seen								
Phytoplankton	**18**			50	17	1,5	14	5–12
Konsumenten (Beispiele)		Chi-tin						
Isopoden		9		19	63	3	6	
Insekten		6		23	65	3	3	
Zooplankton		9		16	50	10	15	
Zersetzer (Beispiele)								
Regenwürmer		17			58	6	19	4–6
Pilzmyzel		10		32	25	10	6	10–15

Angaben aus Scheffer und Schachtschabel, 1992

6.2.2   Die Leistungen eines durchschnittlichen Laubbaumes

Ein durchschnittlicher Laubbaum von 15–20 m Höhe bewirkt folgende ökologisch bedeutsamen Leistungen:

Blattfläche	ca. 1000 m^2
Produktion organischer Stoffe	4000 kg/Jahr
Sauerstoffproduktion	3 Mill. 1/Jahr
	370 1/Stunde
Wasserverbrauch für die Sauerstofferzeugung	2500 1/Jahr
Pumpleistung	30.000 1/Jahr
	80 1/Tag
	5,7 1/Stunde
Filterleistungen der Belaubung (Staub usw.)	7000 kg/Jahr
Wurzelmasse	300–500 kg
durch Wurzeln verhinderter Wasserabfluss	70.000 1/Jahr
seine Wurzeln durchziehen	1 t Humusboden
	50 t Mineralboden

Angaben aus Vester, 1987

Angenommener Jahresniederschlag am Standort des Baumes: 800 mm

6.2.3   Die Oberflächenentwicklung einer Rot-Buche

Die Angaben belegen die allgemeine Regel, dass sich bei Pflanzen die Oberflächen vor allem nach außen hin, bei Tieren jedoch nach innen entfalten und damit vergrößern.

Angegeben sind die Daten für eine 115-jährige Buche von 27 m Höhe und einem Stammdurchmesser von 40 cm.

Beim einzelnen Blatt ist:	Schattenblätter	Sonnenblätter
Oberfläche (beiderseitig)	72 cm^2	50 cm^2
Volumen	0,338 cm^3	0,458 cm^3
Oberfläche/Volumen	213 cm^2/cm^3	109 cm^2/cm^3
Zahl der Spaltöffnungen	400.000	800.000
Palisadenoberfläche	410 cm^2	542 cm^2
Schwammparenchym	205 cm^2	271 cm^2
Oberfläche der Chloroplasten der Palisaden	360 cm^2	875 cm^2
Der ganze Baum umfasst:		
Anzahl der Blätter	200.000	
Trockengewicht	22.400 g	
Zahl der Spaltöffnungen	120 × 10^9	
Blattoberfläche	1220 cm^2	
Absorbierende Zellwandfläche	15.000 cm^2	
Chloroplastenoberfläche	18.000–20.000 cm^2	

Angaben aus Daten und Fakten Biologie, 1979

6.2.4 Schwankung der Blattgröße und Oberflächenentwicklung in verschiedenen Baumhöhen

Baumart und Höhe		Mittlere Blattgröße cm^2	Mittlere Oberflächenentwicklung cm^2/g Frischgewicht
Winterlinde	3 m	54,8	194
	20 m	35,6	123
Stieleiche	2 m	61,0	159
	12 m	40,6	102

Angaben aus Altevogt, R.: Daten und Fakten Biologie, 1979

6.2.5   Blattzahlen und Blattoberflächen bei Laub- und Nadelhölzern

Baumart	Stammdurchmesser in 1,3 m Höhe	Alter in Jahren	Bemerkungen	Höhe des Baumes	Blätterzahl in Millionen	Beiderseitige Blattoberfläche	pro ha Bodenfläche		
	in cm			in m		m²	Anzahl der Stämme	Anzahl der Blätter	Beiderseitige Oberfläche der Blätter
Buche	37	96	Mittelstamm des Bestandes	26,6	0,119	285	198	24×10^6	5,6 ha
	41	157	–	29,4	20,170	930	–	–	–
Tanne	34	55	stärkster Probestamm	28,4	11,720	351	790	4128×10^6	12,8 ha
Fichte	24	55	Mittelstamm	23,0	5,327	160	–	–	–

Angaben aus Altevogt, R.: Daten und Fakten Biologie, 1979

6.2.6   Wasseraufnahme von Pflanzen zum Aufbau pflanzeneigener Stoffe

Um 1 g Trockensubstanz zu erzeugen, werden von den aufgeführten Pflanzen folgende Wassermengen benötigt:

Pflanzenart	Wassermenge
Rot-Buche	169 g
Fichte	231 g
Kiefer	300 g
Eiche	344 g
Weizen	435 g
Kartoffel	636 g

Angaben aus Engelhardt, 1993

6.2.7   Wasserverbrauch und Verdunstung einiger Pflanzen

Verdunstung von Einzelpflanzen an einem Tag bei durchschnittlicher Witterung:

Gräser	0,004–0,010 l
Sonnenblume	1 l
Kohlpflanze	2–3 l
Hopfen	20 l
Buche	50 l
Birke	70 l

Angaben aus Daten und Fakten Biologie, 1979 u. Engelhardt, 1993

Wasserverbrauch in einer Vegetationsperiode:

Mais	ca. 200 l
Birke	ca. 7000 l
100-jährige Buche	ca. 9000 l

1 ha Buchenwald verdunstet an einem warmen Sonnentag 30.000 bis 40.000 l Wasser.

6.2.8 Vergleich des Wasserbedarfs von C3- und C4-Pflanzen

Erläuterungen zu C_3- und C_4-Pflanzen s. Abschn. 5.1.7

Die Zahlenangaben sind in g und beziehen sich auf 1 g produzierte Trockenmasse an Pflanzensubstanz.

C_3-Pflanzen	Wasserbedarf	C_4-Pflanzen	Wasserbedarf
Monocotyledoneae (Einkeimblättrige)			
Gerste (*Hordeum vulgare*)	518	Hirse (*Panicum miliaceum*)	267
Weizen (*Triticum aestivum*)	557	Mais (*Zea mays*)	349
Hafer (*Avena sativa*)	583	Kolbenhirse (*Setaria italica*)	285
Roggen (*Secale cereale*)	634	Sorghum (*Sorghum sudanese*)	305
Reis (*Oryza sativa*)	682	*Bouteloua gracilis*	338
Unbegrannte Trespe (*Bromus inermis*)			
Dicotyledoneae (Zweikeimblättrige)			
Weißer Gänsefuß (*Chenopodium album*)	658	Fuchsschwanz (*Amaranthus graecizans*)	260
Baumwolle (*Gossypium hirsutum*)	568	Fuchsschwanz (*Amaranthus retroflexus*)	305
Kartoffel (*Solanum tuberosum*)	623	Kali-Salzkraut (*Salsola kali*)	314
Sonnenblume (*Helianthus annuus*)	575	Portulak (*Portulaca oleracea*)	281
Gurke (*Cucumis sativa*)	686		
Gartenbohne (*Phaseolus vulgaris*)	700		
Luzerne (*Medicago sativa*)	844		

Angaben aus Schubert, 1984

6.2.9   Angaben zu Spaltöffnungsgrößen einiger Pflanzen

Aufgeführt sind die absoluten Zahlen von Spaltöffnungen (Stomata), sowie deren Abmessungen und die Fläche (Porenareal), die sie von der Gesamtblattfläche einnehmen.

Pflanzengruppe	Anzahl von Stomata je mm² Blattfläche		Spaltöff- nungslänge	Maximale Spaltweite	Porenareal in % der Blattfläche
	Normal- spanne	Extrem- werte	µm	µm	
Kräuter sonniger Standorte	100–200	300	10–20	4–5	0,8–1,0
Kräuter schattiger Standorte	40–100	150	15–20	5–6	0,8–1,2
Gräser	50–100	30	20–30	um 3	0,5–0,7
Palmen	150–180		15–24	2–5	um 0,3
Tropische Waldbäume	200–600	900	12–24	3–8	1,5–3,0
Sommergrüne Laubbäume	100–500		7–15	1–6	0,5–1,2
Immergrüne Hartlaubgewächse	100–500	1000	10–15	1–2	0,2–0,5
Nadelbäume	40–120		15–20		0,3–0,1
Immergrüne Zwergsträucher	100–300		10–15	1–5	um 0,3
Wüstensträucher	150–300		10–15		0,3–0,5
Sukkulenten	15–50	100	um 10	um 10	0,1–0,4

Angaben aus Larcher, 1991

6.2.10 Querschnittsfläche des Wasserleitungssystems bei verschiedenen Pflanzen

Angegeben ist die Querschnittsfläche des Wasserleitungssystems in mm^2 pro Gramm Blatt-frischgewicht (=Querschnittsflächen-Index).

Die aufgeführten Pflanzengruppen sind exemplarisch für Standorte mit unterschiedlichem Wasserangebot.

Pflanzen	Querschnittsflächen-Index
Seerosen (Blattstiel)	0,02
Kräuter des Waldbodens	0,01–0,80
Nadelbäume	0,30–0,61
Laubbäume	0,25–0,79
Wüstenpflanzen	1,42–7,68

Angaben aus Strasburger, 1991

6.2.11 Höchstgeschwindigkeit des Transpirationsstroms bei einigen Pflanzengruppen

Bei den Höchstgeschwindigkeiten handelt es sich meist um Spitzengeschwindigkeit zur Mittagszeit.

Pflanzengruppe	Strömungsgeschwindigkeit in $m \times h^{-1}$
Moose	1,2–2,0
Immergrüne Nadelhölzer	1,2
Lärche	1,4
Mediterrane Hartlaubgehölze	0,4–1,5
Sommergrüne, zerstreutporige Laubhölzer[1]	1–6
Ringporige Laubhölzer[2]	4–44
Krautige Pflanzen	10–60
Lianen	150

[1]Bei den zerstreut porigen Hölzern werden Gefäße mit annähernd gleicher Weite über den ganzen Jahresring zerstreut ausgebildet; Bsp.: Ahorn-Arten, Birke, Rotbuche, Pappeln, Linden. [2]Bei den ringporigen Hölzern werden sehr weite Gefäße (Tracheen) während des Frühjahres gebildet und liegen deshalb in jeweils einem geschlossenen Ring; Bsp.; Eiche, Ulme, Esche. Angaben aus Lerch, 1991

Die Lianen haben sehr weite Gefäße, daher die extrem schnelle Wasserleitung.

6.2.12 Potenzielle Evapotranspiration verschiedener Pflanzenbestände

Die Wasserabgabe von Pflanzen bzw. Pflanzenbeständen bezeichnet man als Transpiration; sie kann (durch die Spaltöffnungen) reguliert werden. Die Wasserabgabe von der Oberfläche des Standortes (Boden bzw. Wasser) bezeichnet man als Evaporation; sie wird nur durch die Wärme bestimmt. Evapotranspiration fasst beide Größen zusammen.

Vegetationsform	Evapotranspiration in mm/Jahr
Wald	850
Gras	550–750
Krautige Nutzpflanzen	550–750
zum Vergleich:	
nackter Boden	400–500

Angaben aus Whitmore, 1993

6.2.13 Wasserhaushalt verschiedener Vegetationstypen

Diese Tabelle macht das Verhältnis von Wasserverlusten durch Verdunstung zu Oberflächen-/Grundwasserabfluss in verschiedenen Pflanzenbeständen und Klimaregionen deutlich.

Pflanzen-bestand	Gebiet	Niederschläge (N) in mm/ Jahr	V_{ET}	V_{AV}
			beides in % von N	
Tropischer Regenwald	Kongo	1900	73	27
Baumsavanne	Kongo	1250	82	18
Sommergrüner Laubmischwald	Z-Europa	600	67	33
Nadelwald	Z-Europa	730	60	40
Almweide	Schweiz	1720	38	62
Steppe	Ukraine	500	95	5

N = mittlere Jahresniederschläge. V_{ET} = Wasserverluste durch Evapotranspiration. V_{AV} = Wasserverluste durch Oberflächen- und Grundwasserabfluss (beide Verluste in % der Jahresniederschläge). Angaben aus Strasburger, 1991

6.2.14 Bauplantypen von Gefäßpflanzen in Mitteleuropa

Die Tabelle zeigt die Zuordnung von 1760 repräsentativen Gefäßpflanzenarten Mitteleuropas zu einem Bauplantyp aufgrund ihres anatomisch-morphologischen Baus. Indirekt kann man daraus die vorherrschenden Standorttypen in Mitteleuropa ableiten.

Die mittlere Spalte (%) gibt den prozentualen Anteil an der Gefäßpflanzen-Flora Mitteleuropas an.

Bauplantyp	%-Anteil	Charakterisierung
blattsukkulent	1,6	an zeitweilige Trockenheit angepasst
skleromorph	19,5	
mesomorph	53,5	„normal" gebaut
hygromorph	8,5	zart gebaut, leicht vertrocknend
helomorph	13,1	Nässe bzw. das Leben im Wasser angepasst
hydromorph	**3,8**	

Angaben aus Wittig, Geobotanik, 2012

6.2.15 Transpiration verschiedener Pflanzenbestände

Bestand	Gebiet	Jährliche Bestandes- verdunstung mm	Jährlicher Niederschlag mm	Verdunstung in % der Niederschläge
Wälder und Baumbestände				
Eukalyptus- Plantage bewässert	Südafrika	1200	760	160
Baumplantagen	Java	2300–3000	4200	55–72
Baumplantagen	Brasilien	600	1400	43
Immergrüner Regenwald	Afrika	1570	1950	80

Angaben aus Lerch, 1991

Bestand	Gebiet	Jährliche Bestandes- verdunstung mm	Jährlicher Niederschlag mm	Verdunstung in % der Niederschläge
Bambuswald	Afrika	1150	2160	53
Buchenwald	Dänemark	522	840	62
Mischwälder	Europa, USA, Japan	500–860	1000–1600	50–54
Nadelwald	Mitteleuropa	580	1250	46
	Taiga	290	525	55
Waldsteppe	UdSSR	200–400	400–500	50–80
Macchie	Israel	500	650	77
Chaparral	USA	400–500	500–600	80–83
Heide und Tundra				
Ericaceen- Heide in Kiefernwald	Russische SSR	115–130	500	24–26
Alpine Zwerg- strauchheide	Zentralalpen	100–200	870	11–23
Flechtentundra mit Moosdecke	Sibirien	80–100	500	16–20
Grasland				
Schilf und Röhricht	Mitteleuropa	1300–1600	800	160–190
Nasswiese	Mitteleuropa	1160	860	135
Getreidefelder	Mitteleuropa	um 400	800	50
Grünland	Mitteleuropa	um 400	800	50
Trockenrasen	Mitteleuropa	200	860	30
Steppe	Mitteleuropa	200	430	46
Alpine Rasen	Mitteleuropa	50	1100	5

Angaben aus Lerch, 1991

6.2.16 Transpiration von Mitteleuropäischen Waldbeständen im Sommer

Baumart	Blattmasse in t/ha	mittlere tägl. Transpiration in g H_2O pro g Blattmasse	Bestandes-Transpiration		
			in mm pro Tag	in l/ha	Jahr pro Jahr
Birke	4,9	8,1	4,0	430–480	47.000
Rotbuche	7,9	3,9	3,1	320–370	38.000
Lärche	12,1	3,8	4,6	466–580	47.000
Kiefer	10,7	2,0	2,1	240–300	43.000
Fichte	26,1	1,4	3,7	390–450	23.500
Douglasie	33,9	1,3	4,7	489–580	–

Angaben aus Lerch, 1991

6.2.17 Transpiration von Blättern verschiedener Pflanzen

Die Zahlen bedeuten „mg Wasser pro dm^2 beiderseitige Blattoberfläche und Stunde". Die Evaporation (=ungeregelte Verdunstung von Wasser) betrug bei den Messungen 3360 mg Wasser $\times dm^{-2} \times h^{-1}$.

Die Werte in der mittleren Spalte geben die Wasserverluste über die Cuticula an, wenn die Spaltöffnungen geschlossen sind.

Interessant sind die Werte der letzten Spalte. Sie zeigen, wie gut eine Pflanze an trockene Standorte angepasst ist. Je kleiner der prozentuale Wert, desto stärker ist die Pflanze vor Wasserverlusten geschützt.

Pflanze	Gesamttranspi-ration bei geöff-neten Spalten	Cuticuläre Trans-piration nach Spaltenschluss	Cuticuläre Trans-piration in % der Gesamttranspi-ration
Krautige Pflanzen sonniger Standorte			
Bunte Kronwicke (*Coronilla varia*)	2000	190	9,5
Aufrechter Ziest (*Stachys recta*)	1800	180	10
Spitzkiel (*Oxytropis pilosa*)	1700	100	6
Schattenkräuter			
Lungenkraut (*Pulmonaria officinalis*)	1000	250	25
Springkraut (*Impatiens noli-tangere*)	750	240	32
Haselwurz (*Asarum europaeum*)	700	80	11,5
Sauerklee (*Oxalis acetosella*)	400	50	12,5
Bäume			
Birke (*Betula pendula*)	780	95	12
Rot-Buche (*Fagus sylvatica*)	420	90	21
Fichte (*Picea abies*)	480	15	3
Kiefer	540	13	2,5
Immergrüne Ericaceen			
Rostblättrige Alpenrose (*Rhododendron ferrugineum*)	600	60	10
Bärentraube (*Arctostyphylos uva-ursi*)	580	45	8

Angaben aus Strasburger, 1991

6.2.18 Wasserverbrauch von Tillandsia recurvata, Bromeliaceae

Tillandsien sind Epiphyten, die ursprünglich in Südamerika beheimatet sind. Sie decken ihren Wasserbedarf ausschließlich aus Niederschlägen bzw. Nebel.

Vollwassergesättigte Sprosse von *Tillandsia recurvata* verlieren in trockener Umgebung:

nach 3 Stunden	10% Wasser
nach 1 Tag	16% Wasser
nach 8 Tagen	35% Wasser
ab da täglich	1% Wasser
nach 3 Wochen	60% Wasser

Angaben aus Lerch, 1991

Eine Nacht mit kräftigem Taufall reicht *Tillandsia recurvata* für den Ersatz einer 10%igen Austrocknung.

6.2.19 Maximale Saugspannung bei den Wurzeln verschiedener Waldpflanzen

Die Saugspannung (synonym: Saugkraft) ist ein Maß für das Wasseraufnahmevermögen einer Pflanze.

In der linken Spalte sind Arten aus Auenwäldern aufgeführt, in der rechten Arten unterschiedlicher Standorte.

Angaben in bar.

Wald-Flatterhirse (*Milium effusum*)	6,3
Haselwurz (*Asarum europaeum*)	10,7
Goldnessel (*Lamium galeobdolon*)	14,0
Bach-Veilchen (*Viola riviniana*)	15,8
Giersch (*Aegopodium podagraria*)	16,1
Leberblümchen (*Hepatica nobilis*)	19,3
Bingelkraut (*Mercurialis perennis*)	19,8
Lungenkraut (*Pulmonaria officinalis*)	21,0
Nelkenwurz (*Geum urbanum*)	27,2

Angaben aus Walter und Breckle, 1983

Wald-Erdbeere (*Fragaria vesca*)	28,4
Segge (*Carex muricata*)	29,0
Gefleckte Taubnessel (*Lamium maculatum*)	29,2
Gras (*Poa trivialis*)	36,4
Schwalbenwurz (*Cynanchum vincetoxicum*)	37,4
Klebriges Leimkraut (*Viscaria vulgaris*)	44,2
Kleiner Wiesenknopf (*Sanguisorba* mino)	48,9
Calamintha clinopodium	53,6

Angaben aus Walter und Breckle, 1983

6.2.20 Blattflächenindex und Chlorophyllmenge

Der Blattflächenindex ist ein Maß für die Belaubungsdichte. Er gibt die Gesamtfläche lebender Blätter über einer gegebenen Bodenfläche an. Der Blattflächenindex (LAI = leaf area index) kann folgendermaßen errechnet werden:

$$LAI = \frac{\text{Gesamtblattfläche (in m}^2)}{\text{Bodenfläche (m}^2)}$$

Ökosystemtyp	Blattflächenindex	Chlorophyllmenge in g pro m²
Tropischer Regenwald	8–12	3
Temperate, sommergrüne Laubwälder	5	2
Steppen	3,5	1,3
Boreale Nadelwälder	12	3
Zwergstrauchheiden	2,5	–
Kälte-/Hitzewüsten	0,5	0,02

Angaben aus Strasburger, 1991

6.2.21 Lebensdauer von Samen

Pflanzenart	Keimfähigkeit	Bemerkungen
Salix purpurea u. a. frühblühende Flachland-Weiden Pappeln: *Populus alba*, *P. nigra*, *P. tremula*, Huflattich (*Tussilago farfara*)	4–8 (–40?) Tage	nicht austrocknungsresistent
Hasel (*Corylus*), Buche (*Fagus*), Ulme (*Ulmus minor*) Stieleiche (*Quercus robur*), Walnuss (*Juglans regia*), *Thea*, *Hevea*, *Cocos*, spätblühende und alpine *Salix*-Arten	6–12 Monate	z. T. feuchte Lagerung nötig
Roggen, Weizen, Gerste	ca. 10 Jahre	bei trockener, kalter Lagerung
Hafer, Möhre, Luzerne, Gurke, Melone		
Mittlere Sternmiere (*Stellaria media*), Hirtentäschel (*Capsella*), Hirse (*Setaria glauca*), Kresse (*Lepidium virginicium*), Kohl (*Brassica nigra*)	ca. 30 Jahre	im Ackerboden
Wundklee (*Anthyllis vulneraria*), Hornklee (*Lotus uliginosus*), Wiesenklee (*Trifolium pratense*), Nachtkerze (*Oenothera biennis*), Krauser Ampfer (*Rumex crispus*), *Astragalus-*, *Cassia-*, *Mimosa-*, *Verbascum*-Arten	80–220 Jahre	z. T. im Boden seit 1879 beobachtet, z. T. aus Samen aus Herbarium aus Paris
Nelumbo nucifera	ca. 1000 Jahre	Seeboden in NO-China, Radiocarbon-Daten

Angaben aus Schubert, 1984

6.2.22 Mittleres Alter bei der Blüte und Mastjahre bei einigen Baumarten

A bezeichnet das mittlere Alter, in dem der Baum das erste Mal blüht, B den Abstand der Mastjahre, d. h. Jahre besonders reichlicher Fruchtausbildung.

Baumart	A	B
Kirsche	5	
Citrus	5	
Apfel	6–12	
Haselnuss	10	fast immer

Angaben aus Lerch, 1991

Baumart	A	B
Pfirsich	12–18	
Eibe	20	
Lärche	20	5–8
Birke	20	2–3
Weißtanne	20	4–7
Hainbuche	30	fast immer
Kastanie	40	2–3
Rotbuche	50	4–6
Steineiche	60	4–6

Angaben aus Lerch, 1991

6.2.23 Blühzeiten und Samenreife einiger einheimischer Laubhölzer

Baumart	Blütezeit	Samenreife
Espe (Zitterpappel)	März/April	Mitte/E. Mai
Silber- und Graupappel	E Februar/März	Mai
Birke	April	E Juli/September
Sommereiche	E April/Mai	E September/A Oktober
Roteiche	E Mai	Oktober des 2. Jahres
Bergahorn	Mai/Juni	September
Linde	Juni/Juli	September/A Oktober
Robinie	E Mai/Juni	Oktober/November
Rotbuche	Mai	September/A Oktober
Hainbuche	Mai	Oktober
Vogelbeerbaum	Mai	September
Esche	A Mai	September/Oktober
Schwarzerle	März/April	Oktober/A November
Ulme	März/April	E Mai/A Juni
Haselnuss	E Februar/März	September/Oktober

E = Ende, A = Anfang. Angaben aus Daten und Fakten Biologie, 1979

Baumart	Blütezeit	Samenreife
Weißdorn	Mai/Juni	September/Oktober
Traubenkirsche	E April	E Juli
Kornelkirsche	E Februar/März	E August/September
Hartriegel	Mai/Juni	September
Holunder	Mai/Juni	August/September
Heckenkirsche	Mai/Juni	E Juni/Juli
Liguster	Juni/Juli	August/September
Heidelbeere	April/Juni	Juli
Brombeere	Juni/Juli	August/September

E = Ende, A = Anfang. Angaben aus Daten und Fakten Biologie, 1979

6.2.24 Samenreife und Samenabfall bei einheimischen Nadelhölzern

Baumart	Samenreife	Samenabfall
Douglasie	E September/A Oktober	Oktober/November
Fichte	Oktober	Dezember/April
Kiefer	November des 2. Jahres	Winter/Mai
Lärche	Oktober/November	Winter/Mai
Tanne	E September/A Oktober	bald nach der Reife

A = Anfang, E = Ende. Angaben aus Lexikon-Institut Bertelsmann Daten und Fakten Biologie, 1979

6.2.25 Blumenuhr

Der Begriff „Blumenuhr" geht auf Linné zurück. Er ließ im botanischen Garten der Universität zu Uppsala mehre kreisförmige Beete anlegen. Jeden Kreis unterteilte er in 12 Segmente (= 12 Stunden). In jedes Segment setzte er Pflanzen, die zu der entsprechenden Stunde ihre Blüten öffneten oder schlossen.

Angegeben ist das Öffnen und Schließen der Blüten.

Pflanzen	Öffnen	Schließen
Wiesenbocksbart, *Tragopogon pratense*	2–3 Uhr	9–10 Uhr
Taghammerstrauch, *Cestrum diurnum*	3–4 Uhr	
Dreifarbige Winde, *Convolvulus tricolor*	3–4 Uhr	
Dachpippau, *Crepis tectorum*	4–5 Uhr	11–12 Uhr
Natterkopfartiges Wurmkraut, *Picris echioides*	4–5 Uhr	
Knolliger Löwenzahn, *Leontodon tuberosum*	4–5 Uhr	15–16 Uhr
Blaue Rasselblume, *Catananche coerulea*	4–5 Uhr	
Wilde Zichorie, *Cichorium intybus*	4–5 Uhr	11–12 Uhr
Sibirischer Mohn, *Papaver nudicaule*	4–5 Uhr	18–19 Uhr
Sanddistel, *Sonchus oleraceus*	4–5 Uhr	11–12 Uhr
Braunrote Taglilie, *Hemerocalis fulva*	5–6 Uhr	20–21 Uhr
Gewöhnl. Löwenzahn, *Taraxacum officinale*	5–6 Uhr	9 Uhr
Rotes Habichtskraut, *Hieratium rubrum*	5–6 Uhr	
Alpenpippau, *Crepis alpina*	5–6 Uhr	11–12 Uhr
Krokusblättriger Bocksbart, *Tragopogon crocifolium*	5–6 Uhr	11–12 Uhr
Hecken- und Zaunwinde, *Convolvulus sepium*	5–6 Uhr	
Tingitanische Gänsedistel, *Picridium tingitanum*	5–6 Uhr	10 Uhr
Sichelsalat, *Lampsana rhagadiolus*	5–6 Uhr	
Purpurroter Hasenlattich, *Prenanthes purpurea*	5–6 Uhr	
Wiesenferkelkraut, *Hypochoeris pratensis*	6–7 Uhr	17 Uhr
Savoyer Habichtskraut, *Hieratium sabaudum*	6–7 Uhr	17–18 Uhr
Doldenförmiges Habichtskraut, *Hieratium umbellatum*	6–7 Uhr	13–14 Uhr
Kriechendes Habichtskraut, *Hieratium pilosella*	6–7 Uhr	13–15 Uhr
Mauerhabichtskraut, *Hieratium murorum*	6–7 Uhr	14–15 Uhr
Roter Pippau, *Crepis rubra*	6–7 Uhr	12–13 Uhr
Ackergänsedistel, *Sonchus arvensis*	6–7 Uhr	11–12 Uhr
Weiße Seerose, *Nymphaea alba*	6–7 Uhr	18 Uhr
Gelbe Teichrose, *Nuphar luteum*	6–7 Uhr	
Ringelblume, *Calendula officinalis*	6–7 Uhr	
Spießförmiger Löwenzahn, *Leontodon hastile*	7–8 Uhr	

Angaben aus Lexikon-Institut Bertelsmann, Daten und Fakten Biologie, 1979

Pflanzen	Öffnen	Schließen
Herbstlöwenzahn, *Leontodon autumnum*	7–8 Uhr	19–20 Uhr
Alpenmilchsalat, *Sonchus alpinum*	7–8 Uhr	12–13 Uhr
Ästige Graslilie, *Anthericum ramosum*	7–8 Uhr	15–16 Uhr
Weiße Graslilie, *Anthericum album*	7–8 Uhr	15–16 Uhr
Schlauchförmiges Steinkraut, *Alyssum utriculatum*	7–8 Uhr	
Abgebissenes Habichtskraut, *Hieratium praemorsum*	7–8 Uhr	
Geflecktes Ferkelkraut, *Hypochoeris maculata*	7–8 Uhr	14–15 Uhr
Bärtige Mittagsblume, *Mesembryanthemum barbatum*	7–8 Uhr	13–14 Uhr
Echtes Habichtskraut, *Hieratium auricula*	8–9 Uhr	
Ackergauchheil, *Anagallis arvensis*	8–9 Uhr	15–16 Uhr
Sprossende Nelke, *Dianthus prolifer*	8–9 Uhr	12–13 Uhr
Kahles Ferkelkraut, *Hypochoeris glabra*	8–9 Uhr	
Ackerringelblume, *Calendula arvensis*	9–10 Uhr	
Mesembryanthemum cristallinum	9–10 Uhr	15–16 Uhr
Rotblühende Sanddistel, *Arenaria rubra*	10–11 Uhr	14–15 Uhr
Gelbe Taglilie, *Hemerocallis flava*	10–11 Uhr	
Doldenblütige Vogelmilch, *Ornithogalum umbellatum*	10–11 Uhr	
Malven, *Malva*, fast alle Arten	10–11 Uhr	
Ringelblume, *Calendula chrysanthemifolia*	10–11 Uhr	15–16 Uhr
Rote oder Pfauenlilie, *Tigridia pavonia*	11–12 Uhr	

Angaben aus Lexikon-Institut Bertelsmann, Daten und Fakten Biologie, 1979

6.3   Tiere

6.3.1   Dauer des Winterschlafs und der Winterruhe einiger einheimischer Säuger

Die Tiere sind nach ihrer systematischen Zugehörigkeit geordnet.

Dachs und Eichhörnchen unterbrechen ihren Schlaf mehrfach; sie halten eine Winterruhe.

Tierart	Dauer des Winterschlafs/der Winterruhe in Monaten
Igel	3–4
Fledermäuse	5–6
Dachs	3–3½
Eichhörnchen	2–3½
Murmeltier	5–6
Feldhamster	2–3½
Ziesel	3–4
Haselmaus	6–7
Siebenschläfer	6–7

Angaben aus Lexikon-Institut Bertelsmann Daten und Fakten Biologie, 1979

6.3.2 Körpergröße, Gewicht und geographische Verbreitung einiger Pinguine

Die Pinguine werden oft als Beispiel für die Bergmannsche Verbreitungsregel herangezogen. Danach leben von verwandten Arten die größeren Tiere in kälteren Regionen, die kleineren Vertreter in wärmeren Regionen.

Pinguinart	Körpergröße in cm	Gewicht in kg	Grad südlicher geografischer Breite
Kaiserpinguin	114	30	65°–75°
Königspinguin	95	15	50°–60°
Magellanpinguin	71	5	34°–56°
Humboldtpinguin	65	4,5	5°–35°
Galapagospinguin	53	2	Äquator

Angaben aus Jaenicke und Miram, 1990

6.3.3 Die Höhenverbreitung einiger Säugetiere

Tierart	Region	Höhe	Bemerkung
Yak (*Bos mutus*)	Tibet	5639 m	Bulle 1899 geschossen, kann auch die 6096 m-Linie überschreiten
China-Blauschaf (*Pseudois mayaur*)	Tibet	über 5486 m	
Pfeifhase (*Ochotona thibetana*)	Tibet	über 5486 m	
Wollhase (*Lepus oiostolus*)	Tibet	6035 m	
Wolf (*Canis lupus chano*)	Himalaya	5791 m	
Tibet-Fuchs (*Vulpus ferrilata*)	Himalaya	5639 m	
Roter Luchs (*Lynx lynx isabellinus*)	Himalaya	5486 m	
Schneeleopard (*Panthera unica*)	Himalaya	5395 m	kann bei der Jagd nach Blauschafen noch höher gehen
Braunbär (*Ursus arctos isabellinus*)	Himalaya	5486 m	
Afrikanischer Elefant (*Loxodonta loxodonta*)	Kilimand-scharo	3962 m	
		4572 m	Spuren gefunden
Leopard (*Panthera pardus*)	Kilimand-scharo	5638 m	gefrorener Kadaver
Vicugna (*Vicugna vicugna*)	Anden/Peru	über 5486 m	über der Schneegrenze
Alpaca	Anden	4785 m	
Puma (*Felis concolor*)	Anden	5600 m	
Berg-Chinchilla (*Chinchilla laniger*)	Anden/Bo-livien	über der Schnee-grenze	

Angaben aus Wood, 1982

Literatur

Alheim, K.-H.: Wie funktioniert das? Mannheim 1989

Engelhardt, W.: Umweltschutz. München 1993

Eschenhagen, D.: Samen und Früchte. Unterricht Biologie, 10. Jg. 1986, H. 118, S. 2-11

Jaenicke, J. u. W. Miriam: Biologie heute SII. Hannover 1990

Larcher, W.: Ökologie der Pflanzen. 4. Aufl., Stuttgart 1984

Lerch, G.: Pflanzenökologie. Berlin Akademie-Verlag 1991

Lexikon-Institut Bertelsmann (Hrsg.): Daten und Fakten zum Nachschlagen, Biologie. Gütersloh, 1979

Purves u.a.: Biologie, Spektrum, 2011

Scheffer, F. u. P. Schachtschabel: Lehrbuch der Bodenkunde. Stuttgart 1992

Schubert, R. (Hrsg.): Lehrbuch der Ökologie. Jena 1984

Strasburger, Hrsg. Von Sitte u.a.: Lehrbuch der Botanik, 33. Aufl. Stuttgart 1991

Vester, F.: Wasser=Leben. Ravensburg 1987

Walter, H. u. S. Breckle: Ökologie der Erde, Band 1 - 3. Stuttgart 1983 ff

Whitmore, T.C.: Tropische Regenwälder. Heidelberg, Berlin, New York 1993

Wittig, R.: Geobotanik, UTB basiscs, Haupt Bern, 2012

Wood, G.L.: The Guiness Book of Animal Facts and Feats. 3. Aufl., Enfield 1982

Artenzahlen und Populationen

7

Dieses Kapitel enthält einige Angaben zu Artenzahlen allgemein, zur Bevölkerungsentwicklung der Menschheit und zu tierischen Populationen.

7.1 Allgemeine Angaben

7.1.1 Artenzahlen und Fläche einiger europäischer Länder

Land	Fläche (km²)	Arten
Deutschland	357.000	2647
Schweiz	41.000	2572
Österreich	83.879	2763
Kroatien	56.500	4500
Niederlande	41.528	1581

Angaben aus Wittig, Geobotanik, 2012

© Springer-Verlag Berlin Heidelberg 2016
D. Kalusche, *Ökologie in Zahlen*, DOI 10.1007/978-3-662-47987-2_7

7.1.2 Braun-Blanquet-Skala zum Schätzen der Artmächtigkeit bei Pflanzenbeständen

Josias Braun-Blanquet (1884–1980) war ein Schweizer Botaniker, der als Pflanzensoziologe und Vegetationskundler arbeitete. In Mitteleuropa wird vor allem die von ihm entwickelte Skala zur Schätzung des Deckungsgrades einer Untersuchungsfläche benutzt.

Stufe	Beschreibung
r	ganz vereinzelt, teils nur 1 Exemplar
+	spärlich vorhanden; Bedeckungsanteile gering (meist so aufgefasst, dass nur 1–5 Exemplare mit einer Deckung $<5\%$
1	reichlich vorhanden (meist aufgefasst, als >5–50 Exemplare), jedoch weniger als 5% der Aufnahmefläche deckend
2	5–25% der Aufnahmefläche deckend oder aber zwar weniger deckend, jedoch sehr zahlreich (meist aufgefasst als >50 Exemplare)
3	Bedeckung 25–50%
4	Bedeckung 50–75%
5	Bedeckung 75–100%

Angaben aus Wittig, Geobotanik, 2012

Da bei sehr kleinen Arten nicht ausgeschlossen werden kann, dass nicht doch mehr als 1 Exemplar auf der Untersuchungsfläche vorhanden ist, sollte auf „r" verzichtet werden.

7.1.3 Vorkommen dichteabhängiger Prozesse bei verschiedenen Tiergruppen

Die Dichteregulation von Populationen kann durch dichteunabhängige (meist wetterbedingte) Faktoren und dichteabhängige Prozesse (meist biotische Faktoren) beeinflusst werden. Der Einfluss der dichteabhängigen Prozesse ist in einer Population auch vom Alter der Individuen abhängig. Die Zahlen geben an, in wie viel Prozent der untersuchten Populationen Dichteabhängigkeit für Fertilität und Mortalität verschiedener Altersklassen nachgewiesen werden konnte.
Altersklasse I: junge Larvenstadien bzw. Nestlinge (bei Wirbeltieren),
Altersklasse II: ältere Larvenstadien bzw. größere Jungtiere.

Da in einer Population mehrere Stadien reguliert sein können, übersteigen die Summe in einer Zeile den Prozentwert von 100.
Die Einträge bei Fertilität und den Altersklassen geben an, bei wie viel Prozent der untersuchten Populationen (2. Spalte) eine Dichteabhängigkeit nachgewiesen werden konnte.

Gruppe	Anzahl untersuchte Populationen	Fertilität/ Eiproduktion in %	Mortalität Altersklasse I in %	Mortalität Altersklasse II in %	Mortalität Adulte in %
Insekten	47	30	40	28	13
Fische	35	6	94	0	0
Vögel	19	26	32	74	21
Kleinsäuger	13	0	0	92	8
Großsäuger	72	68	49	1	17
marine Säuger	41	83	24	0	2

Angaben aus Nentwig et al., 2011

7.1.4 Ursachen der Dichteabhängigkeit für verschiedene Tiergruppen

Die Einträge geben an, in wie viel Prozent der untersuchten Populationen der jeweilige Faktor den dichteabhängigen Prozess bestimmt.

Da in einer Population mehrere Faktoren wirken können, übersteigt die Summe den Wert 100 %.

Gruppe	Anzahl untersuchter Populationen	Raum	Nahrung	Räuber	Parasiten	Krankheiten	soziale Gründe
Insekten	51	0	45	39	37	10	8
Vögel	15	33	53	0	6	0	47
Kleinsäuger	21	67	24	19	0	0	67
Großsäuger	72	1	99	0	0	3	0
marine Säuger	10	0	60	40	0	0	0

Angaben aus Nentwig et al., 2011

7.2   Angaben zur Population „Mensch"

7.2.1   Fläche und Bevölkerung der Erde

Erdteil	Fläche	Bevölkerung (Jahresmitte, geschätzt)							Einwohner je km²	
	1.000 km² Mill.	1950	1960	1970	1980	1985	1989	1990	1960	1990
									Anzahl	
Europa	9839	572	566	614	648	661	670	673	58	68
dar.: Ehem. Sowjetunion europäischer Teil	4882		140	153	161	165	168	170	29	35
Türkei europäischer Teil	24		2	3	4	5	7	7	83	292
Afrika	30.273	224	281	364	482	558	630	644	9	21
Amerika	42.055	331	416	510	613	668	712	723	10	17
Nord- und Mittelamerika	24.219	220	269	319	373	400	421	426	11	18
Südamerika	17.836	111	147	191	240	268	291	297	8	17
Asien	44.699	1375	1740	2188	2683	2940	3161	3223	39	72
dar.: Ehem. Sowjetunion, asiatischer Teil	17.430		74	90	104	113	118	119	4	7
Türkei asiatischer Teil	756		26	32	41	44	49	50	34	66
Australien und Ozeanien	9937	14	17	21	25	27	28	29	2	3
Insgesamt	135.803	2516	3020	3697	4451	4854	5201	5292	22	39

Angaben aus Statistisches Jahrbuch für das Ausland 1992

7.2.2   Bevölkerungszunahme 1990 bis 2025

Die Angaben für das Jahr 2000 sind eine Schätzung der UNO.

Die Angaben für die Jahre 2014 und 2050 stammen aus verschiedenen Quellen des Internets; abgerufen am 04.05.2015.

Gebiete und Regionen	Bevölkerung (Mio.)			
	1990	2000	2014	2050
Afrika	642,1	866,6	1136	2428
Asien	3112,7	3712,5	4351	5252
Europa	498,4	510,0	741	726
Lateinamerika	448,1	538,4	610	757,4
Nordamerika	275,9	294,7	352	332,0
Ozeanien	26,5	30,1	39	38,2
Entwicklungsländer	4085,6	4996,7		7150,3
Industrieländer	1206,2	1264,8		1353,9
Welt insgesamt	**5292,2**	**6260,8**	**7238**	**9683**

Angaben aus Katalyse Umweltlexikon, 2. Aufl. 1993

7.2.3   Wachstum der Weltbevölkerung

Jahr	Menschen gesamte Welt in Milliarden	Menschen Entwicklungsländer in Milliarden
1650	ca. 0,5	
Anfang 19. Jahrh.		1
zwischen 1918 und 1927	2	
1958		2
1960	3	
1974	4	
1975		3
1987	5	

Angaben aus Fritsch, 1990

Jahr	Menschen gesamte Welt in Milliarden	Menschen Entwicklungs-länder in Milliarden
1990	4	
1999	6	
2002		5
2010	7	
2014		6
2022	8	

Angaben aus Fritsch, 1990

7.2.4   Zunahme der Weltbevölkerung um jeweils eine Milliarde

Die Weltbevölkerung benötigte für das Erreichen der

ersten Milliarde	ca. 40.000 Jahre	(bis 1830)
zweiten Milliarde	ca. 100 Jahre	(bis 1930)
dritten Milliarde	ca. 30 Jahre	(bis 1960)
vierten Milliarde	ca. 15 Jahre	(bis 1975)
fünften Milliarde	ca. 12 Jahre	(bis 11.07.1987)
sechsten Milliarde	ca. 12 Jahre	(1999)
siebten Milliarde	ca. 12 Jahre	(2011)

Angaben aus Fritsch, 1990 und Internetrecherche

7.2.5   Bevölkerungsentwicklung in der Bundesrepublik zwischen 1960 und 2000

Der Wert für 2013 stammt von den Statistischen Ämtern des Bundes und der Länder. Angaben in Millionen Einwohner.

Jahr	BRD	ehem. DDR	Gesamt
1960	55,4	17,2	72,6
1961	56,2	17,1	73,3
1965	58,6	17,0	75,6
1969	60,1	17,1	77,1
1973	62,0	17,0	79,0
1977	61,4	16,8	78,2
1981	61,7	16,7	78,4
1985	61,0	16,7	77,7
1989	62,7	16,4	79,1
2013			82.1

Angaben aus Daten zur Umwelt, 1990/91 und Engelhardt, 1993

Wachstumsrate:

	1965/70	1975/80	1985/90
ehem. BRD	0,55	−0,09	0,01
ehem. DDR	0,06	−0,13	−0,16

Fruchtbarkeitsrate (Zahl der Geburten je Frau im Alter zwischen 15 und 49 Jahren):

	1970	1990	
ehem. BRD	2,3	1,4	
ehem. DDR	2,3	1,7	

7.3 Angaben zu ausgewählten Tierpopulationen

Hierzu finden sich teilweise auch Angaben in den Tabellen des Abschn. 8.1.

7.3.1 Brutpaare einiger Vogelarten in verschiedenen Lebensräumen

Es sind die Siedlungsdichten einiger einheimischer Vogelarten je km² angegeben.

Art	Deutscher Name	Auwald (Unter-spreewald)	Kiefern-wald (Mark Branden-burg)	Fichtenwald (Harz)	Park (Frankfurt a. M. Tier-garten)
Anthus trivialis	Baumpiper	2	7	3	–
Erithacus rubecula	Rotkehlchen	4	2	13	–
Fringilla coelebs	Buchfink	9	36	56	211
Phoenicurus phoenicurus	Gartenrot-schwanz	2	unter 1	5	92
Phylloaco-pus collybita	Zilpzalp	3	2	4	13

Angaben aus Lexikon Biologie, Band 10, 1992

7.3.2 Minimale Grenzen der Populationsgröße einiger Tierarten, um den Fortbestand der Population zu sichern

Art	Mindestgröße der Population	Bemerkungen
Amphibien	100 Individuen	
Fischotter	5 erwachsene Männchen und 5 erwachsene Weibchen	mit insgesamt 6 Jungtieren
Großer Brachvogel	10 Brutpaare	Kontakt zu kleineren Neben-zentren notwendig
Weißstorch	30 Horstpaare	mit Horstabständen unter 10 km
Bekassine	10 Brutpaare	
Birkhuhn	50 Brutpaare	
Auerhuhn	50 Individuen	
Heckenvögel	10 Brutpaare	

Angaben aus Jedicke, 1990

7.3.3   Geschätzte Bestände des Afrikanischen Elefanten in einzelnen Staaten Afrikas

Die Zahlen wurden anlässlich der Artenschutzkonferenz in Kyoto (Japan) Anfang März 1992 veröffentlicht, auf der die afrikanischen Staaten eine Lockerung des Ausfuhrverbotes für Elfenbein forderten.

Staat	Anzahl Elefanten
Burkina Faso	4000
Elfenbeinküste	3000
Ghana	1000
Benin	2000
Nigeria	3000
Tschad	3000
Sudan	40.000
Äthiopien	6000
Somalia	6000
Kenia	6000
Uganda	3000
Zentralafrika	19.000
Kamerun	21.000
Kongo	keine Angaben
Zaire	85.000
Tansania	80.000
Malawi	2000
Mozambique	keine Angaben
Sambia	41.000
Angola	12.000
Namibia	5000
Botswana	51.000
Simbabwe	43.000
Südafrika	8000

Angaben aus Südwestpresse Ulm, 4.3.1992

Bestand der Afrikanischen Elefanten 2012: Die Schätzungen reichen von 472.000 bis zu maximal 689.000 Tieren (Angabe aus COSMiQ 12.07.2007)

7.3.4   Größe einiger Insektenstaaten

Wissenschaftlicher Name	Deutscher Name	Bevölkerungszahl	Bemerkung
Vespoidea	**Wespenartige**		
Paravespula vulgaris	Gemeine Wespe	5500	(davon 2–500 Arbeiterinnen)
Dolichovespula spec.	Langkopfwespenart	<200 Arbeiterinnen	
Belonogaster	Feldwespenart	bis 20 Adulte	die bis 200 Zellen versorgen
Polistes spec.	Feldwespenart	<140 (Maximalwert)	
Vespinae	Hornissen	bis mehrere 1000	
Vespa crabro	Gemeine Hornisse	bis zu 1500 Arbeiterinnen	
Apoidea (ca. 20.000 Arten)	**Bienenartige**		(man nimmt an, dass 8-mal unanhängig die eusoziale Stufe erreicht wurde)
Bombinae	Hummeln	meist 100–500 Adulte in den mittleren Breiten	
Bombus terrestris	Erdhummel	500–2000	
Bombus aratus	–		von dieser Art sind in den Tropen auch sehr große Völker bekannt
Apinae	**Bienen und Stachellose Bienen**		
Apis mellifera	Honigbiene	40.000–100.000	die Königin legt 2,5–3 Mio. Eier (davon 500–2000 Männchen)
Meliponini	Stachellose Bienen	(300 Arten im Tropengürtel)	
Trigona sp.	„Feuerknacker"	bis 1.000.000	
Formicidae	**Ameisen**		
Anomma wilverthi	Wanderameise	>10.000.000	

Angaben aus Lexikon Biologie, Band 10, 1992

Wissenschaftlicher Name	Deutscher Name	Bevölkerungszahl	Bemerkung
Eciton hamatum	Treiberameise	200.000–1.000.000	(1 Königin)
Formica polyctena	Kleine Rote Waldameise	bis zu 5000 Königinnen	
Camponotus ligniperda	Rossameisenart	3–5 fertile Königinnen	
Leptothorax acervorum	–	Max.: 152 fertile Königinnen und 250 Arbeiterinnen	
Leptothorax acervorum	–	Min.: 1 fertile Königin und 100–200 Arbeiterinnen	
Promyrmecia aberrans	–	3–12 Arbeiterinnen	
Myrmica sulcinodis	Knotenameisenart	120 Individuen	
Dorylus sp. (Kongo)	Treiberameisenart	bis 22.000.000 Individuen und 1 Königin	
Lasius niger	Schwarze Wiesenameise	20.000–40.000 Arbeiterinnen	
Formica-Arten	Waldameisen	bis zu 1.000.000 Individuen	
Formica rufa	Große Rote Waldameise	bis zu 100.000	
Formica-Art Kolonie in Sibirien	–	180 Nester/ha, bzw. 4200 Individuen/m^2	
Formica lugubris Kolonie im Schweizer Jura	–		1200 Nester auf 70 ha
Formica yessensis Kolonie auf der Japanischen Insel Hokkaido		307.000.000	45.000 Nester auf 2,7 km^2
Isoptera	**Termiten**		
Calotermes flavicollis	Gelbhalstermite	1000 Individuen (Nestgröße nach ca. 12–15 Jahren)	

Angaben aus Lexikon Biologie, Band 10, 1992

Wissenschaftlicher Name	Deutscher Name	Bevölkerungszahl	Bemerkung
Calotermes minor	Holztermitenart	2000 Individuen (Nestgröße nach ca. 12–15 Jahren)	
Zootermopsis spec.	–	4000	
Captotermes spec.	–	mind. 10.000	
Bellico- und *Nasicotermes*-Nest	–	bis 3.000.000 Individuen	
Bellicositermes spec.	Kriegertermitenverwandte	bis > 3.000.000 Individuen	
Nasutitermes	–	200.000–3.000.000	

Angaben aus Lexikon Biologie, Band 10, 1992

7.3.5   Entwicklung einer Elch- und Wolfpopulation

Die folgenden Angaben stammen von der Isle Royal im Oberen See (Kanada). Die Insel ist ein Nationalpark, es gibt keine Eingriffe durch Menschen. Dieses Beispiel zeigt, wie sich zwei Populationen entwickeln, die in einem Räuber-Beute-Verhältnis zueinander stehen.

Größe der Insel:	20 km lang,
	2–6 km breit,
	Fläche: 54,4 km²
Besiedlung der Insel durch Elche und Wölfe:	
1900:	Elche schwammen aus Kanada auf die Insel
1900–1949:	nur Elche als Großwild auf der Insel
1949:	Wölfe wanderten über das Eis ein

Entwicklung der beiden Populationen:

Jahr	Elche	Wölfe
um 1930	ca. 3000	–
1935	1. Zusammenbruch der Population infolge Überweidung	–
1948	2. Zusammenbruch	
1949		Einwandern eines Wolfsrudels
um 1960	ca. 600	23
1970	1000	22
1975	800	42
1980	600	
1983	900	23

Angaben aus Eschenhagen u. a., 1991

7.3.6 Daten zur Entwicklung einer Feldmauspopulation

Die folgenden Daten können Grundlage für die Berechnung der Populationsentwicklung bei der Feldmaus (*Microtus arvalis*) sein:

Lebenserwartung	ca. 2 Jahre
Gewicht	20–30 g
täglicher Nahrungsbedarf	ca. 10 g (Trockengewicht)
Jahresverbrauch an Getreide	2–3 kg
Weibchen erstmals gedeckt	mit 13 Tagen
Tragzeit	20 Tage
Wurfgröße	durchschnittl. 4–6 (max. bis 12) Junge
Anzahl der Würfe	bis zu 10 Würfen pro Weibchen im Jahr
Säugezeit	17–20 Tage
Erneutes Decken	gleich nach dem Werfen

Angaben aus Eschenhagen u. a., 1991

Literatur

Daten zur Umwelt, Bundesumweltamt, 1990/91

Engelhardt, W.: Umweltschutz. München 1993

Eschenhagen, D., Kattmann, U. u. D. Rodi: Handbuch des Biologieunterrichts, Band 8, Köln 1991

Fritsch, B.: Mensch – Umwelt – Wissen. Evolutionsgeschichtliche Aspekte des Umweltproblems. Zürich, Stuttgart 1990

Jedicke, E.: Biotopverbund. Stuttgart 1990

Katalyse e.V. (Hrsg.): Umweltlexikon. 2. Aufl., Köln 1993

Lexikon der Biologie, Schmitt, M. (Hrsg.): Band 10. Freiburg 1992

Nentwig, W., Bacher, S., Brandl, R.: Ökologie kompakt, 3. Aufl., Heidelberg 2011

Statistisches Bundeamt (Hrsg.): Statistisches Jahrbuch 1992 für das Ausland. Wiesbaden 1992

Wittig, R.: Geobotanik, UTB basiscs, Haupt Bern, 2012

Angewandte Ökologie – ausgewählte Daten zum Natur- und Artenschutz

8

8.1 Naturschutzflächen und Größe von Lebensräumen

Dieses Kapitel macht Angaben zu den Flächen unterschiedlicher Schutzgebietskategorien und den für den Bestandserhalt notwendigen Flächengrößen von Schutzgebieten.

8.1.1 Flächennutzung in Deutschland, Stand 1989

Angegeben sind die Flächen für die gesamte Bundesrepublik und für die beiden Teile Deutschlands im Jahr 1989.

Die Fläche wird in 1000 ha und in ihrem prozentualen Anteil an der Gesamtfläche aufgeführt.

Nutzungsart	Deutschland		Früheres Bundesgebiet		Gebiet der ehem. DDR	
	1000 ha	%	1000 ha	%	1000 ha	%
Gesamtfläche	**35.694,7**	**100**	**24.861,9**	**100**	**10.832,9**	**100**
davon:						
Gebäude- und Freifläche			1548,4	6,2		
Betriebsfläche (ohne Abbauland)			52,6	0,2		
Erholungsfläche	4362,0	12,2	180,2	0,7	1074,2	9,9
Verkehrsfläche			1242,2	5,0	13,2	
Flächen anderer Nutzung (ohne Umland)			264,3	1,1		

Angaben aus Statistisches Jahrbuch, 1993

© Springer-Verlag Berlin Heidelberg 2016
D. Kalusche, *Ökologie in Zahlen*, DOI 10.1007/978-3-662-47987-2_8

Nutzungsart	Deutschland		Früheres Bundesgebiet		Gebiet der ehem. DDR	
	1000 ha	%	1000 ha	%	1000 ha	%
Landwirtschaftsfläche (ohne Moor und Heide)	19.526,5	54,7	13.355,2	53,7	6171,3	57,0
Waldfläche	10.384,7	29,1	7400,5	29,8	2984,2	27,5
Wasserfläche	763,7	2,1	450,1	1,8	313,6	2,9
Abbauland	182,4	0,5	84,4	0,3	98,0	0,9
Öd- und Unland (einschl. Moor und Heide)	475,4	1,3	283,9	1,1	191,6	1,8

Angaben aus Statistisches Jahrbuch, 1993

8.1.2 Landnutzung in der alten Bundesrepublik und der ehemaligen DDR, Stand 1988

Es sind einige statistische Vergleichsdaten ausgewählt. Sie können heute als Vergleichs= daten herangezogen werden.

Nutzungsart/Vergleichsgröße	Bundesrepublik	ehem. DDR
Fläche (km²)	248.709	108.333
Einwohner (Mio.)	61,1	16,6
Einwohner/km²	246	154
Landwirtschaftliche Nutzfläche (LN)(1000 ha)	11.855	6188
Verhältnis Acker/Grünland	1,6:1	3,7:1
LN in % der Gesamtfläche	48	57
Landwirtsch. Betriebe	705.200	4343[1]
Stickstoff-Anlieferung (kg/ha LN)	132	118
Phosphor-Anlieferung (kg/ha LN)	57	57
Waldfläche (1000 ha)	7360	2980
Waldfläche in % der Gesamtfläche	30	28
Öd- und Unland (1000 ha)	372[2]	190
Wasserfläche (1000 ha)	444	308
Straßennetz, überörtlich (km)	172.604	47.212[3]

[1] nur „sozialistische Landwirtschaftsbetriebe", [2] Heiden und Moore (171.000 ha) und „Un-land" (156.000 ha), [3] Staats- und Bezirksstraßen. Angaben aus Plachter, 1991

Nutzungsart/Vergleichsgröße	Bundesrepublik	ehem. DDR
Personenkraftwagen (Mio.)	27,9	3,6
Pkw/100 Einwohner	46	22

[1]nur „sozialistische Landwirtschaftsbetriebe", [2]Heiden und Moore (171.000 ha) und „Unland" (156.000 ha), [3]Staats- und Bezirksstraßen. Angaben aus Plachter, 1991

8.1.3 Naturschutzflächen der Bundesrepublik Deutschland, Stand 1993

Stand 1993; vgl. auch Abschn. 8.1.4.

Die Flächen der einzelnen Schutzgebietskategorien können nicht addiert werde, da sie sich teilweise überschneiden.

Land	National-parke	Biosphä-renreser-vate	Natur-schutz-gebiete	Natur-parke	Feucht-gebiete von internat. Bedeu-tung	Natur-wald-reservate
km²						
Baden-Württemberg	–	–	460,7	3539	10,8	20,1
Bayern	340	916,0	1366,0	20.643	318,2	44,4
Berlin	–	–	2,8	–	–	–
Brandenburg	–	1734,9	634,1	205	124,6	11,2
Bremen	–	–	12,8	–	–	–
Hamburg	117	117,0	31,5	38	123,8	–
Hessen	–	506,9	238,1	6135	2,2	8,1
Mecklenburg-Vorpommern	1153	235,0	438,4	162	325,2	15,6
Niedersachsen	2400	2400,0	1144,2	7403	2532,8	19,5
Nordrhein-Westfalen	–	–	785,6	10.001	268,3	9,3
Rheinland-Pfalz	–	1798,0	248,9	4563	2,6	4,4

Angaben aus Stat. Jahrbuch Bundesrepublik, 1993

Land	National-parke	Biosphä-renreser-vate	Natur-schutz-gebiete	Natur-parke	Feucht-gebiete von internat. Bedeu-tung	Natur-wald-reservate
km²						
Saarland	–	–	19,1	825	–	3,1
Sachsen	93	–	122,2	–	–	2,8
Sachsen-Anhalt	59	430,0	262,4	257	13,6	12,0
Schleswig-Holstein	2850	2850,0	323,6	1925	2990,0	6,9
Thüringen	–	640,5	179,2	–	–	7,1
Deutschland	**7012**	**11.628,3**	**6269,6**	**55.696**	**6712,0**	**164,4**

Angaben aus Stat. Jahrbuch Bundesrepublik, 1993

8.1.4   Naturschutzgebiete der Bundesländer, Stand 2012

Die Tabelle enthält die pauschalierte Fläche der Naturschutzgebiete.
Deutschland hat 8589 Naturschutzgebiete. Sie nehmen eine Fläche von 1.341.396 ha ein; das entspricht 3.8 % der Gesamtfläche 35.734 Mio. ha, oder 357.340 km².

Bundesland	Anteil an der Landesfläche	durchschnittl. Flächengröße
Baden-Württemberg	2,4 %	84,2 ha
Bayern	2,3 %	272,7 ha
Berlin	2,3 %	51,8 ha
Brandenburg	7,7 %	484,1 ha
Bremen	5,1 %	113,9 ha
Hamburg	8,6 %	208,7 ha

[1])Schleswig-Holstein beträgt der Durchschnittswert der NSG 1090 ha, wenn man die Watt- und Wasserfläche einbezieht. Dann erhöht sich der Wert für Deutschland auf 174,8 ha.
Angaben nach Bundesamt für Naturschutz, abgerufen am 28.05.2015

Bundesland	Anteil an der Landesfläche	durchschnittl. Flächengröße
Hessen	1,7%	47,7 ha
Mecklenburg-Vorpommern	4,0%	320,6 ha
Niedersachsen	4,2%	259,4 ha
Nordrhein-Westfalen	7,7%	85,4 ha
Rheinland-Pfalz	1,9%	74,4 ha
Saarland	4,1%	90,9 ha
Sachsen	2,9%	247,2 ha
Sachsen-Anhalt	3,2%	333,2 ha
Schleswig-Holstein	3,1%	234,5 ha[1]
Thüringen	3,0%	180,0 ha
Deutschland gesamt	3,8%	156,2[1]

[1]Schleswig-Holstein beträgt der Durchschnittswert der NSG 1090 ha, wenn man die Watt- und Wasserfläche einbezieht. Dann erhöht sich der Wert für Deutschland auf 174,8 ha. Angaben nach Bundesamt für Naturschutz, abgerufen am 28.05.2015

60% aller Naturschutzgebiete sind kleiner als 50 ha; nur ca. 13% umfassen eine Fläche von 200 ha oder mehr. 208 Gebiete weisen eine Fläche von 1000 ha und mehr auf.

8.1.5 Nationalparks der Bundesrepublik Deutschland

Nationalparke (NP) sind rechtsverbindlich festgesetzte, einheitlich zu schützende Gebiete, die „großräumig und von besonderer Eigenart sind, im überwiegenden Teil ihres Gebiets die Voraussetzungen eines Naturschutzgebietes erfüllen, sich in einem vom Menschen nicht oder wenig beeinflussten Zustand befinden und vornehmlich der Erhaltung eines möglichst artenreichen heimischen Pflanzen- und Tierbestandes dienen" (§ 14, Abs. 1 BNatSchG).

Name des Nationalparks	Schutz seit	Fläche
NP Bayerischer Wald	1970	24.217 ha
NP Berchtesgaden	1978	20.800 ha inkl. 20.000 ha NSG Königsee
NP Schleswig-Holsteinisches Wattenmeer	1.10.1985	441.500 ha
NP Niedersächsisches Wattenmeer	1.1.1986	345.000 ha
NP Hamburgisches Wattenmeer	1990	13.750 ha
NP Vorpommersche Boddenlandschaft	12.9.1990	78.600 ha, davon 85 % Binnengewässer mit Verbindung zur offenen See (= Bodden)
NP Jasmund (Rügen)	12.9.1990	3003 ha
NP Müritz (Mecklenburgische Seenplatte)	12.9.1990	32.200 ha mit NSG „Ostufer der Müritz" 4832 ha und NSG „Serrahn" 1818 ha
NP Sächsische Schweiz	12.9.1990	9350 ha mit NSG „Großer Winterberg und Zschand" 881 ha und NSG „Bastei" 786 ha
NP Hainich	1997	7513 ha
NP Eifel	2004	10.880 ha
NP Kellerwald-Edersee	2004	5724 ha
NP Harz	2006	24.732 ha (vorher NP Hochharz 5900 ha mit NSG „Oberharz" 2000 ha)
NP Nordschwarzwald	2014	10.062 ha
NP Hunsrück-Hochwald	2015	10.141 ha
NP-Fläche gesamt	**2015**	**1.049.699 ha**

NSG = Naturschutzgebiet. Angaben aus Stat. Jahrbuch Bundesrepublik 1992 und Daten zur Umwelt, 1990/91, ergänzt durch Wikipedia, abgerufen am 04.05.2015

8.1.6   Die Biosphärenreservate der Bundesrepublik Deutschland

Biosphärenreservate sind großflächige Schutzgebiete, die seit 1976 im Rahmen des UNESCO-Programmes „Der Mensch und die Biosphäre" (MAB) anerkannt werden (Stand März 1991: 300 Reservate in 75 Staaten). Sie bilden zusammen ein internationales Netz, das aus repräsentativen Binnen- und Küstenlandschaften besteht. Neben Naturlandschaften werden auch wertvolle Kulturlandschaften als Biosphärenreservat anerkannt. Sie überlagern sich teilweise mit Nationalparken.

Biosphärenreservate umfassen drei Schutzkategorien, abgestuft nach der Intensität menschlicher Eingriffe: Kernzone (K), Pufferzone (P) und Übergangsgebiet (Ü). in einigen Biosphärenreservaten werden zusätzlich Regenerationszonen (R) anerkannt.

a) Stand März 1991

Das Netz der 9 deutschen Biosphärenreservate umfasst seit dem 10.03.1991 eine Fläche von 7273 km², was etwa 2,1 % der Gesamtfläche der Bundesrepublik Deutschland entspricht.

Biosphären-reservat	Kernzone	Pufferzone	Übergangs-gebiet	Regenerati-onszone	Gesamt-fläche
	(ha)	(ha)	(ha)	(ha)	(ha)
Bayeri-scher Wald (seit 1981)	138	4871	8091	–	13.100
Berch-tesgaden (seit 1990)	16.920	3450	25.920	430	46.720
Mittlere Elbe(seit 1979, 1990 erweitert)	624	6171	26.325	9880	43.000
Schles-wig-Hol-steinisches Wattenmeer (seit 1990)	85.500	6400	193.100	–	285.000
Rhön (seit 1991)	12.327	33.628	84.533	–	130.488
Schorfheide-Chorin (seit 1990)	3502	23.082	99.307	4200	125.891
Spreewald (seit 1991)	920	9800	22.745	14.135	47.600
Südost-Rügen (seit 1991)	360	3800	18.640	–	22.800
Vessertal seit 1979, 1990 erweitert	305	2131	10.234	–	12.670

Angaben aus Daten zur Umwelt, 1990/91

b) Stand 2015

Name und Bundesland	Größe
Berchtesgadener Land, Bayern	840 km²
Bliesgau, Saarland	361 km²
Flusslandschaft Elbe (Schleswig-Holstein, Niedersachsen, Mecklenburg-Vorpommern, Brandenburg, Sachsen-Anhalt)	3540 km²
Hamburgisches Wattenmeer, Hamburg	117 km²
Niedersächsisches Wattenmeer, Niedersachsen	2400 km²
Oberlausitzer Heide-und Teichlandschaft, Sachsen	301 km²
Pfälzerwald-Nordvogesen (grenzüberschreitend), davon 1780 km² Pfälzerwald, Rheinland-Pfalz)	3018 km² insgesamt
Rhön, Bayern, Hessen, Thüringen	1850 km²
Schaalsee, Mecklenburg-Vorpommern	309 km²
Schleswig-Holsteinisches Wattenmeer und Halligen, Schleswig-Holstein	4431 km²
Schwäbische Alb, Baden-Württemberg	850 km²
Schorfheide-Chorin, Brandenburg	1292 km²
Spreewald, Brandenburg	475 km²
Südost-Rügen, Mecklenburg-Vorpommern	235 km²
Vessertal-Thüringer Wald, Thüringen	171 km²

Quelle: Deutsche UNESCO-Kommission e. V.

8.1.7   Ramsar-Feuchtgebiete in der Bundesrepublik Deutschland

Ramsar-Gebiete sind Feuchtgebiete, die insbesondere als Lebensraum für Wasser- und Watvögel von internationaler Bedeutung sind. Sie tragen ihren Namen von dem Übereinkommen über Feuchtgebiete, das 1971 in Ramsar/Iran geschlossen wurde.

Deutschland hat 34 Gebiete mit einer Gesamtfläche von rund 8680 km² ausgewiesen.

Feuchtgebiet	seit	Fläche in km²
1) Ostseeboddengewässer Westrügen-Hiddensee-Ostteil Zingst	31.7.1978	258,0
2) Krakower Obersee	31.7.1978	8,7
3) Galenbecker See	31.7.1978	10,2
4) Unteres Odertal/Polder Schwedt	31.7.1978	54,0
5) Schleswig-Holsteinisches Wattenmeer und angrenzende Gebiete	15.11.1991	4549,9
6) Hamburgisches Wattenmeer	01.08.1990	117,0
7) Wattenmeer Elbe-Weser-Dreieck	26.02.1976	384,6
8) Mühlenberger Loch	09.06.1992	6,8
9) Wattenmeer im Jadebusen und westliche Wesermündung	26.02.1976	494,9
10) Ostfriesisches Wattenmeer mit Dollart	26.02.1976	1216,2
11) Niederelbe zwischen Barnkrug und Otterndorf	26.02.1976	117,6
12) Aland-Elbe-Niederung und Elbaue Jerichow	21.02.2003	86,1
13) Elbaue zwischen Schnakenburg und Lauenburg	26.02.1976	75,6
14) Ostufer der Müritz	31.7.1978	48,3
15) Niederung der unteren Havel mit Gülper See	31.7.1978	892,0
16) Teichgebiet Peitz	31.7.1978	10,6
17) Helmestausee Berg-Kelbra	31.7.1978	14,5
18) Diepholzer Moorniederung	26.02.1976	150,6
19) Dümmer	26.02.1976	36,0
20) Steinhuder Meer	26.02.1976	57,3
21) Weserstaustufe Schlüsselburg	28.10.1983	16,0
22) Rieselfelder Münster	28.10.1983	2,3
23) Unterer Niederrhein	28.10.1983	250,0
24) Rhein zwischen Eltville und Bingen	28.02.1976	5,7
25) Bodensee a) Teilgebiet Wollmatinger Ried-Giehrenmoos- b) Hegne-Bucht des Gnadensee c) Teilgebiet Mindelsee bei Radolfzell	26.02.1976	12,8

Angaben aus Stat. Jahrbuch Bundesrepublik, 1993 und Bundesministerium f. Umwelt, Naturschutz, Bau und Reaktorsicherheit, abgerufen am 11.05.2015

Feuchtgebiet	seit	Fläche in km²
26) Oberrhein – Rhin supérieur	28.08.2008	251,2
27) Donauauen und Donaumoos	26.02.1976	80,0
28) Lech-Donau-Winkel	26.02.1976	40,1
29) Unterer Inn zwischen Haiming und Neuhaus	26.02.1976	19,5
30) Chiemsee	26.02.1976	86,6
31) Ismaninger Speichersee mit Fischteichen	26.02.1976	9,6
32) Ammersee		65,2
33) Starnberger See	26.02.1976	57,2
34) Bayerische Wildalm	09.10.2007	0,7
Deutschland gesamt		**8682,26**

Angaben aus Stat. Jahrbuch Bundesrepublik, 1993 und Bundesministerium f. Umwelt, Naturschutz, Bau und Reaktorsicherheit, abgerufen am 11.05.2015

8.1.8   Naturwaldreservate in der Bundesrepublik Deutschland

Naturwaldreservate (NWR) sind Wälder, die ihrer natürlichen Entwicklung möglichst ohne direkte menschliche Eingriffe überlassen werden und sich so zu „Urwäldern von morgen" entwickeln sollen. Naturwaldreservate dienen gleichermaßen dem Naturschutz, der Naturwaldforschung und der Lehre.

Bundesland	NWR-Gesamtzahl 1990	NWR-Gesamtfläche (ha) 1990	NWR Gesamtzahl 2008	NWR Gesamtfläche (ha) 2008
Schleswig-Holstein	41	690	16	516
Hamburg			4	37
Niedersachsen	61	1947	107	4576
Nordrhein-Westfalen	58	930	75	1669
Hessen	23	809	31	1229
Rheinland-Pfalz	39	437	54	2048

Angaben aus Daten zur Umwelt, 1990/91, Stand 4.2.1991. Die Werte für 2008 stammen aus der „Datenbank Naturwaldreservate" auf www.naturwaelder.de; abgerufen von der Internetsite der Bundesanstalt für Landwirtschaft und Ernährung am 13.05.2015

Bundesland	NWR-Gesamtzahl 1990	NWR-Gesamtfläche (ha) 1990	NWR Gesamtzahl 2008	NWR Gesamtfläche (ha) 2008
Baden-Württemberg	54	2014	129	9308
Bayern	135	4442	159	7141
Saarland	10	305	16	1161
Mecklenburg-Vorpommern	31	1559	35	1404
Brandenburg	38	1118	24	652
Sachsen-Anhalt	19	1200	17	867
Thüringen	44	711	58	4040
Sachsen	11	281	8	303
Bundesrepublik Deutschland	**564**	**16.443**	**733**	**34.951**

Angaben aus Daten zur Umwelt, 1990/91, Stand 4.2.1991. Die Werte für 2008 stammen aus der „Datenbank Naturwaldreservate" auf www.naturwaelder.de; abgerufen von der Internetsite der Bundesanstalt für Landwirtschaft und Ernährung am 13.05.2015

8.1.9   Nationalparks in den Alpen

Staat	Nationalpark
Deutschland	Berchtesgaden, 20.800 ha (IV)
Frankreich	Ecrins, 91.800 ha (II)
	Mercantour, 68.500 ha (II)
	Vanoise, 52.893 ha (II)
Italien	Parco Nazionale Gran Paradiso, 70.318 ha (seit 1922, II)
	Stilfser Joch, 134.620 ha (IV)
	Parco Nazionale delle Dolomiti Bellunesi, 31.512 ha
	Parco Nazionale Val Grande, 14.598 ha
Österreich	Hohe Tauern, 86.600 ha (IV)
	Nationalpark Gesäuse, 20.856 (seit 2002)
	Nationalpark Kalkalpen, 20.856 ha (II)
Slowenien	Triglav, 84.805 ha (II)
Schweiz	Schweizerischer Nationalpark, 16.887 ha (II)

(II) = Kategorie II der IUNC-Liste, (IV) = Kategorie IV der IUNC-Liste, IUNC = International Union for Conservation of Nature and Natural Ressources. Die IUNC ist eine internationale Naturschutzorganisation, deshalb auch „Weltnaturschutzunion" genannt. Sie ist eine NGO und wurde am 5. Oktober 1948 in Fontainebleau (Frankreich) gegründet. Die IUNC hat heute ihren Sitz in Gland (Schweiz). Die IUCN erstellt unter anderem die Rote Liste gefährdeter Arten und kategorisiert Schutzgebiete auf internationaler Ebene. Angaben aus Daten zur Umwelt, 1990/91, neuere Daten ergänzt aus div. Quellen

8.1.10 Angabe zu den erforderlichen Minimalarealen mitteleuropäischer Ökosystem-Typen

Die Werte geben den minimalen Flächenbedarf an, damit sich der genannte Ökosystem-Typ in charakteristischer Weise ausbilden kann.

Flächenbedarf Minimalareal	Ökosystem-Typ	
groß	baumarme Flächenbiotope wie subatlantische Flach- und Hochmoore, subatlantische Heiden, Küsten-Salzwiesen usw.	500–1200 ha
	durchschnittliche Flächenbiotope wie Trockenrasen, Waldbiotope, Heiden, Hoch-, Niedermoore	200–800 ha
	oligotrophe Seen, Wälder, Moore	100 ha
	Heiden, Fließgewässer-Oberläufe	50 ha
mittel	Magerrasen, Feuchtwiesen, Salzstellen im Binnenland	10 ha
	Binnendünen, Auenwälder, Hochstaudenfluren	5 ha
	Trockenrasen, Sand- und Felsfluren	3 ha
kleinflächig	Teiche, Tümpel, Quelltöpfe, Hohlwege, Hangaufschlüsse	1 ha
	Kleinbiotope wir Tümpel, Weiher, Quellen, Wasserfälle, Wildpfade, Salzstellen usw.	10–100 m^2
	Saumbiotope wie Waldränder, Uferstreifen, Röhrichte, Bäche usw.	5–10 km Längenausdehnung

Angaben aus Jedicke, 1990

8.1.11 Minimalareale für Biotope

Biotop	Ausdehnung
Waldränder, Hecken, Röhrichte, Raine	5–10 km × 3–50 m
Trockenrasen, Wälder; Heiden, Moore	200–800 ha
Baumarme Hochmoore und Heiden; Küstensalzmarschen	500–1200 ha
Watt	1000–20.000 ha
Pufferzonen (Breite)	
bei Kleinbiotopen	20–30 m
bei Flächenbiotopen	100–200 (500) m

Angaben aus Öko-Almanach 1991/92

8.1.12 Artspezifische Minimalareale der Populationen einiger ausgewählter Arten

Die Angaben sind nach der beanspruchten Flächengröße geordnet.

Art(engruppen) und ihr Lebensraum	Flächengröße
Wolf (*Canus lupus*), großräumige Waldbiotope	60.000 ha (600 km²)
Fischotter (*Lutra lutra*), Gewässerbiotope	14.000 bis 20.000 ha Wasserfläche oder 50–75 km Uferlänge
Auerwild (*Tetrao urogallus*), Waldbiotope	5000 bis 10.000 ha
Großvögel und Großsauger allgemein	100 bis 10.000 ha
Birkhuhn (*Lyrurus tetrix*), Moor- und Heidebiotope bzw. Waldgrenze im Gebirge	2500 ha
Reptilien, besonders Kreuzotter (*Vipera berus*)	1000 bis 2000 ha
Erdkröte (*Bufo bufo*), Laichgewässer und gehölzreiche Biotope im Verbund	1520 ha
mittelgroße Vogelarten	1000 ha
Brutvögel Mitteleuropas im allgemeinen	80–1000 ha
Springfrosch (*Rana dalmatina*), Sumpfwiesen und Wälder	380 ha
Großer Brachvogel (*Numenius arquata*), Feuchtgrünland	250 ha
Grasfrosch (*Rana temporaria*), feuchte Biotope	200 ha
Watvögel im Allgemeinen, Feuchtbiotope	200 ha
typische Bodenfauna von Laubwaldökosystemen	100 ha
flugfähige Arten der größeren Makrofauna (10–50 mm Körperlänge)	50–100 ha
Knoblauchkröte (*Pelobatus fuscus*), Sandböden	50 ha
Fadenmolch, Bergmolch, Teichmolch (*Triturus helveticus, T. alpestris, T. vulgaris*) in gehölzreichen, feuchten Biotopen	50 ha
Reptilien, Kleinsäuger, Kleinvögel allgemein	20–100 ha
Laubfrosch (*Hyla arborea*), gehölz- und röhrichtreiche Umgebung von Weihern u. ä.	28 ha

Angaben aus Jedicke, 1990

Art(engruppen) und ihr Lebensraum	Flächengröße
Spinnen in Waldbiotopen allgemein	20 ha
Kleinsäuger allgemein	10–20 ha
lauffähige Arten der größeren Makrofauna (10–50 mm Körperlänge)	10–20 ha
Bekassine *(Gallinago gallinago)*, Feuchtgrünland	10 ha
bodenjagende Spinnen in Eichen-Hainbuchen-Wäldern	10 ha (2,5–20 ha)
Heckenvögel in Feldgehölzen	5–10 ha
kleinere Makrofauna (1–10 mm Körperlänge), sessile Arten der größeren Makrofauna (10–50 mm Körperlänge)	5–10 ha
Feldgrille *(Gryllus campestris)*, trockene Grünlandbiotope	3 ha
Mesofauna des Bodens (Körpergröße 0,3–1 mm)	1–5 ha
Laufkäfer in Eichen-Hainbuchen-Wäldern	2–3 ha
Schmetterlinge, Heuschrecken	1 ha
Wiesenschaumzikade *(Philaenus spumarius)*	1 ha
Mikrofauna des Bodens (Körpergröße <0,3 mm)	<1 ha
Breitblättriges Knabenkraut *(Orchis latifolia)*, feuchte Wiesen- und Flachmoorbiotope	0,5 ha
Geburtshelferkröte *(Alytes obstetricans)* in vielfältigen gewässernahen Biotopen	0,1 ha

Heckenvögel allgemein bei 5–10 m Heckenbreite 10 km Heckenlänge einschließlich Saum

Angaben aus Jedicke, 1990

8.1.13 Größe des durchschnittlichen Lebensraumes eines Brutpaares bzw. Einzelindividuums ausgewählter mitteleuropäischer Tierarten

Die Angaben sind nach der beanspruchten Flächengröße geordnet.

Art(en)	Lebensraum	Flächengröße
Steinadler	alpine Biotope an der oberen Waldgrenze	10.000–14.000 ha
Luchs	Waldbiotope	5000–15.000 ha
Seeadler	große Wald- und Seenbiotopkomplexe	6000–10.000 ha
Uhu	große Laub- und Nadelwaldkomplexe	6000–8000 ha
Wanderfalke	lichte Waldbiotope, vernetzt mit Felsbiotopen	4000–5000 ha
Habicht	Nadel- und Laubwaldbiotope, vernetzt mit offenen Biotopen	3000–5000 ha
Rohrweihe	Sumpf- und Moorbiotope, Röhrichtzonen	1500–3000 ha
Baumfalke	offene Landschaft, vernetzt mit alten Laubwaldbiotopen	1000–2000 ha
Sperber	offene Biotope, vernetzt mit Gehölzbeständen	700–1000 ha
Wiesenweihe	Feuchtwiesen, Sumpfbiotope	500–700 ha
Mäusebussard	Laub- und Mischwaldbiotope vernetzt mit baumarmen Biotopen	400–800 ha
Schwarzspecht	Waldgebiete rings um Buchen-Altholzbestand	>200 ha, i. a. 400–800 ha
Waldkauz	lichte Laubwald-, Park- und Siedlungsbiotope	200–400 ha
Waldohreule	Nadelwaldbiotope	200–400 ha
Sumpfohreule	Moor-, Sumpf-, Feuchtwiesenbiotope	100–400 ha
Schleiereule	offene Biotope in Siedlungsnähe	100–400 ha
Turmfalke	a) offene Biotope in Siedlungsnähe	100–400 ha
	b) baumarme Biotope, vernetzt mit Gehölzgruppen	100–200 ha
Rothirsch	Waldbiotope	200 ha
Weißstorch	Wiesenbiotope	200 ha
Rotfuchs	deckungsreiche Biotope	10–225 ha
Haselhuhn	unterholzreiche Waldbiotope	10–80 ha
Großer Brauchvogel	Feuchtgrünland	25 ha
Rebhuhn	reich gegliederte Feldfluren	10–30 ha
Reh	Gebüschbiotope und unterholzreiche Wälder	7–15 (bis 200) ha

Angaben aus Jedicke, 1990

Art(en)	Lebensraum	Flächengröße
Wildkaninchen	Kulturbiotope	30 ha
Größere Lauf-käfer-Arten	Wald- und Offenbiotope	6 ha
Schlingnatter	Trockenbiotope	4 ha
Waldspitzmaus	feuchte Wald- und Offenbiotope, daneben fast alle terrestrischen Biotope	4 ha
Hermelin	offene Kulturbiotope	3 ha
Bekassine	Feuchtgrünland	1 ha
Ahlenläufer (Laufkäfer)	Kultur- und Waldbiotope	0,25 ha
Waldmaus	Wald- Hecken- und Ackerbiotope	0,15 ha (1500 m^2)
Wühlmäuse	offene und bewaldete Biotope	0,01 ha (100 m^2)
Feldgrille	trockene Grünlandbiotope	> 0,5 m^2

Angaben aus Jedicke, 1990

8.1.14 Durchschnittliche Radien von Amphibienlebensräumen

Die meisten einheimischen Amphibien verlassen nach dem Laichen ihr Gewässer und streifen in der näheren Umgebung umher.

Art	durchschnittliche Entfernung vom Laichgewässer
Bergmolch	400 m
Fadenmolch	400 m
Teichmolch	400 m
Laubfrosch	600 m
Knoblauchkröte	600 m
Grasfrosch	800 m
Springfrosch	1100 m
Erdkröte	2200 m

Angaben aus Plachter, 1991

8.1.15   Entwicklungszeiten für unterschiedliche Biotoptypen

Biotoptyp	Entwicklungszeit bis zur Klimax
Einjährige Gesellschaften und ihre Fauna	1 bis 4 Jahre
Vegetation eutropher Stillgewässer	8 bis 15 Jahre
gepflanzte Hecken	nach 10 bis 15 Jahren kaum spezialisierte Insektenarten
Pfeifengraswiesen, Halbtrocken- und andere Magerrasen	Jahrzehnte
Vegetation oligotropher Stillgewässer	nach 20 bis 30 Jahren noch spärlich
Besiedlung von Felshöhlen mit echten Höhlentieren	mindestens 100 bis 200 Jahre
Hochmoore	in 1000 Jahren 1 m Torf

Angaben aus Jedicke, 1990

8.2   Gefährdung von Pflanzen und Allgemeines

Dieses Kapitel enthält insbesondere Angabe zur Roten Liste und zu den Gefährdungen von Pflanzen.

8.2.1   Biodiversität in Deutschland und weltweit

	Artenzahlen	
	in Deutschland	weltweit
Wirbeltiere		
Säugetiere (*Mammalia*)	104	≈ 5513
Vögel (*Aves*)	328	≈ 10.425
Kriechtiere (*Reptilia*)	13	≈ 10.038
Lurche (*Amphibia*)	22	> 7302
Fische (*Pisces*) und Rundmäuler (*Cyclostomata*)	197	> 32.900

Angaben aus Artenschutzreport 2015, Bundesamt für Naturschutz

	Artenzahlen	
	in Deutschland	weltweit
Wirbellose		
Insekten (*Hexapoda*)	> 33.305	> 1.000.000
Krebstiere (*Crustacea*)	> 1067	> 47.000
Spinnentiere (*Chelicerata*)	> 3783	> 102.248
Weichtiere (*Mollusca*)	635	> 85.000
Andere Wirbellose	> 5328	> 71.002
Einzeller (*Protozoa*)	≈ 3200	> 8118
Tiere (gesamt)	**> 48.000**	**> 1.380.000**
Pflanzen		
Samenpflanzen (*Spermatophyta*)	2988	≈ 270.000
Farnpflanzen (*Pteridophyta*)	74	≈ 12.000
Moose (*Bryophyta*)	1053	≈ 16.000
Armleuchteralgen (*Charophyceae*)	40	≈ 300
Grünalgen (*Chlorophyceae* (i. w. S.)	?	≈ 6000
Jochalgen (inkl. Zieralgen, *Conjugatophyceae*)	≈ 1500	≈ 5000
Braunalgen Phaeophyceae (= *Fucophyceae*)	> 205	> 1500
Gelbgrünalgen (*Tribophyceae*)	> 50	≈ 600
Kieselalgen (*Bacillariophyceae*)	≈ 3000	> 9000
Goldalgen (*Chrysophyceae*)	**?**	≈ 1000
Kalkalgen (*Prymnesiophyceae*)	?	> 500
Rotalgen (*Rhodophyceae*)	> 533	> 6500
div. Phytoflagellaten (*Chloromonadophyceae* u. a.)	?	> 3000
Pflanzen Gesamt	**> 9500**	**> 330.000**
Flechten i. e. S. (*Lichenes*)	1946	≈ 18.000
Ständerpilze (*Basidiomycota*)	> 5166	≈ 20.000
Schlauchpilze (*Ascomycota*)	> 4170	≈ 30.000
Fungi imperfecti (ohne deutsche Bez.)	> 1754	≈ 30.000
Schleimpilze (*Myxomycetes*)	> 373	≈ 1000

Angaben aus Artenschutzreport 2015, Bundesamt für Naturschutz

	Artenzahlen	
	in Deutschland	weltweit
Jochpilze (*Zygomycota*)	>250	>500
Algenpilze (*Oomycetes*)	>333	≈500
Urpilze (*Chytridiomycetes*)	>46	≈300
div. pilzähnliche Protisten (*Acrasiomycetes* u. a.)	?	>120
Pilze Gesamt	**>14.000**	**>100.000**
Total	**>71.500**	**>1.800.000**

Angaben aus Artenschutzreport 2015, Bundesamt für Naturschutz

8.2.2 Kategorien der Roten Liste

Die Roten Listen nehmen folgende Einteilungen vor:

0 =	ausgestorben, ausgerottet, verschollen; kein Nachweis mehr für die letzten 15 Jahre
1 =	vom Aussterben bedroht; isoliert, in kleinen Populationen vorkommende Arten
2 =	stark gefährdet; Arten mit kleinen Beständen, die rückläufig sind
3 =	gefährdet; regional verschwunden, in anderen Gebieten aber noch nicht kritisch vermindert
G =	Gefährdung unbekannten Ausmaßes
R =	extrem selten
V =	Vorwarnliste (noch ungefährdet, verschiedene Faktoren könnten eine Gefährdung in den nächsten zehn Jahren herbeiführen)
D =	Daten unzureichend
* =	ungefährdet

Angaben aus Landesanstalt für Umweltschutz Baden-Württemberg, 1993 und Bundesanstalt für Umwelt

8.2.3   Gefährdungssituation der wild lebenden Tiere, Pflanzen und Pilze in Deutschland, die in der Roten Liste 2009 bewertet wurden

In der Roten Liste sind mehr als 32.000 heimische Tiere, Pflanzen und Pilze hinsichtlich ihrer Gefährdung untersucht.

a) **Gefährdung über alle Taxa (Tiere, Pflanzen und Pilze)**

Rote-Liste-Status	Prozent
ausgestorben oder verschollen (Kategorie 0)	6 %
bestandsgefährdet (Kat. 1,2,3 u. G)	30 %
extrem selten (Kat. R)	8 %
Vorwarnliste (Kat. V)	4 %
ungefährdet (Kat. *)	37 %
Daten ungenügend (Kat. D)	15 %

b) **Gefährdungssituation der Wirbeltiere in Deutschland.**

In Deutschland wurden 478 Taxa (Arten) untersucht, das entspricht weniger als 1 % aller bei uns vorkommenden Tierarten.

22 Wirbeltierarten sind im 20. Jahrhundert ausgestorben oder verschollen. Damit entfallen auf diesen Zeitraum die meisten der insgesamt 37 verschwundenen Wirbeltierarten.

Rote-Liste-Status	Prozent
ausgestorben oder verschollen (Kategorie 0)	8 %
bestandsgefährdet (Kat. 1,2,3 u. G)	28 %
extrem selten (Kat. R)	8 %
Vorwarnliste (Kat. V)	9 %
ungefährdet (Kat. *)	44 %
Daten ungenügend (Kat. D)	3 %

Angaben aus Artenschutzreport 2015, Bundesamt für Naturschutz

8.2.4   Anzahl seit 1850 nachweislich ausgerotteten Arten auf dem Gebiet der alten Bundesrepublik, in Österreich und der Schweiz

Das Jahr 1850 wird als Schnitt deshalb genommen, weil sich ab diesem Zeitpunkt die Landwirtschaft zu wandeln begann (u. a. Einführung der Mineraldüngung, technische Geräte usw.).

Tiergruppe	Anzahl ausgerotteter Arten
Vögel	20
Fische	4
Käfer	96
Schmetterlinge	27
Spinnen	17
Farn- und Blütenpflanzen	60
in Österreich	
Vögel	18
Fische	7
Schmetterlinge	25
Käfer	34
Farn- und Blütenpflanzen	60
in der Schweiz	
Vögel	9
Reptilien	1
Amphibien	4
Pflanzenarten	46

Angaben aus Jedicke, 1990

8.2.5 Zahl der Pflanzenarten in der Bundesrepublik Deutschland und der Welt

Die Gliederung des Pflanzenreiches folgt der traditionellen Systematik; vielfach sind die Artenzahlen Schätzwerte

Pflanzengruppe	Artenzahl	
	Bundesrepublik	Welt
Bakterien (*Bacteriophyta*)	?	1600
Blaugrüne Algen (*Cyanophyta*)	?	2000
Schleimpilze (*Myxophyta*)	?	500
Pilze (*Fungi*)	2337	50.000
Flechten (*Lichenes*)	1850	20.000
Rotalgen (*Rhodophyta*)	28	4000
Braunalgen (*Phaeophyta*)	4	2000
Goldalgen (*Chrysophyta*)	?	13.000
Leuchtalgen (*Pyrrophyta*)	?	1500
Euglenen (*Euglenophyta*)	?	800
Grünalgen (*Chlorophyta*)	?	12.000
Armleuchteralgen (*Charaphyta*)	34	300
Moospflanzen (*Bryophyta*)	1000	26.000
Farnpflanzen (*Pteridophyta*)	77	12.000
Nacktsamer (*Gymnospermae*)	11	800
Bedecktsamer (*Angiospermae*)	2640	226.000
Gesamt-Artenzahl	**27.250**	**371.500**

Angaben aus Daten zur Umwelt, 1990/91

8.2.6   Gefährdungssituation der Gefäßpflanzen in Deutschland

Für die Roten Listen der Pflanzen wurden von den etwa 28.000 in Deutschland beheimateten Arten 13.907 Arten (knapp 50 %) auf ihre Gefährdung hin untersucht und bewertet.

Kategorie	Prozentsatz
(0) Ausgestorben oder verschollen	4
(1) Vom Aussterben bedroht	5
(2) Stark gefährdet	9
(3) Gefährdet	12
(G) Gefährdung zunehmend	3
(R) Extrem selten	7
(*) Ungefährdet	51
(D) Daten unzureichend	8

Angaben nach Bundesanstalt für Umwelt, 2015

8.2.7   Ursachen des Artenrückgangs der Farn- und Blütenpflanzen in der Bundesrepublik Deutschland

Angaben geordnet nach der Zahl der betroffenen Pflanzenarten der Roten Liste.

Infolge Mehrfachnennungen von Gefährdungsfaktoren liegt die Summe höher als die insgesamt 711 untersuchten Arten.

Ursache	Zahl der davon betroffenen Arten
Änderung der Nutzung	305
Aufgabe der Nutzung	284
Beseitigung von Sonderstandorten	255
Auffüllung, Bebauung	247
Entwässerung	201
Bodeneutrophierung	176
Abbau und Abgrabung	163
Mechanische Einwirkung	123
Eingriffe wie Entkrauten, Rodung, Brand	115

Angaben aus Jedicke, 1990

Ursache	Zahl der davon betroffenen Arten
Sammeln	103
Gewässerausbau und -unterhaltung	68
Aufhören von Bodenverwundungen	59
Einführung von Exoten	43
Luft- und Bodenverunreinigung	38
Gewässereutrophierung	36
Gewässerverunreinigung	35
Schaffung künstlicher Gewässer	27
Herbizidanwendung, Saatgutreinigung	26
Verstädterung von Dörfern	22
Aufgabe bestimmter Feldfrüchte	8

Angaben aus Jedicke, 1990

8.3 Gefährdungen von Tieren

8.3.1 Zahl der Tierarten in der Bundesrepublik Deutschland und der Welt

Die Gliederung des Tierreiches folgt der traditionellen Systematik; vielfach sind die Artenzahlen Schätzungen.

Tiergruppe	Artenzahl	
	Bundesrepublik	Welt
Einzeller (*Protozoa*)	5000	30.000
Schwämme (*Porifera*)	31	5000
Rippenquallen (*Ctenophora*)	3	84
Nesseltiere (*Cnidaria*)	130	9450
Plattwürmer (*Plathelminthes*)	1300	22.000
Schnurwürmer (*Nemertini*)	32	1000
Rundwürmer (*Nemathelminthes*)	2100	23.060

Angaben aus: Daten zur Umwelt, 1990/91

Tiergruppe	Artenzahl	
	Bundesrepublik	Welt
Kratzer (*Acanthocephala*)	80	800
Weichtiere (*Mollusca*)	500	125.000
Ringelwürmer (*Annelida*)	400	7200
Gliederfüßer (*Arthropoda*)	34.400	823.700
Krebstiere (*Crustacea*)	600	37.200
Insekten (*Insecta*)	29.500	737.000
Spinnentiere (*Arachnida*)	4400	51.200
Kranzfühler (*Tentaculata*)	42	3480
Stachelhäuter (*Echinodermata*)	28	6000
Borstenkäfer (*Chaetognatha*)	2	60
Kragentiere (*Branchiotremata*)	1	220
Chordatiere (*Chordata*)	605	44.600
Manteltiere (*Tunicata*) und Schädellose (*Cephalochordata*)	13	2100
Wirbeltiere (*Vertebrata*)	592	42.500
Gesamt-Artenzahl	**44.700**	**1.102.000**

Angaben aus: Daten zur Umwelt, 1990/91

8.3.2 Zusammensetzung der Fauna der Bundesrepublik

Taxon	Artenzahl	prozentualer Anteil an der Gesamtartenzahl
Wirbeltiere	592	1,32%
Säugetiere	87	0,19%
Vögel	300	0,67%
Kriechtiere und Lurche	31	0,07%
Fische	170	0,38%
sonstige Wirbeltiere	4	

Angaben aus Jedicke, 1990, dort nach Nowack

Taxon	Artenzahl	prozentualer Anteil an der Gesamtartenzahl
Arthropoden (Gliederfüßer)	34.431	77,0%
Libellen	79	0,18%
Hautflügler	10.000	22,36%
Käfer	6000	13,42%
Schmetterlinge	3000	6,71%
Spinnentiere	4360	9,75%
sonstige Arthropoden	10.992	24,58%
rezente Mollusken (Weichtiere)	494	1,10%
Einzeller (Protozoen)	5000	11,18%
sonstige Tierarten	4187	9,93%

Angaben aus Jedicke, 1990, dort nach Nowack

8.3.3 Gefährdungssituation in den einzelnen Wirbeltiergruppen

Bedeutung der Kategorien s. Abschn. 8.2.1. Es wurden 478 verschiedene Taxa untersucht. Angegeben der Anteil der Taxa in den jeweiligen Rote-Liste-Kategorien.

Kate-gorie	Säuge-tiere	Brut-vögel	Kriech-tiere	Lurche	Süßwas-serfische	Gesamt	%
0	11	16	0	0	10	37	8
1	8	30	4	0	8	50	10
2	9	24	3	2	9	47	10
3	4	14	1	5	5	29	6
G	5	0	0	1	0	6	1
R	6	26	0	0	6	38	8
V	11	21	3	2	7	44	9
*	32	129	2	10	40	213	45
D	10	0	0	0	4	14	3

Angaben nach Bundesamt für Umweltschutz, (abgerufen 14.05.2015)

8.3.4   Veränderungen in den Bestandszahlen einiger ausgewählter Vogelarten der Agrarlandschaft in Europa

Vogelart	absolute Bestandszahlen in Millionen		Veränderung in %
	1980	2010	
Star	84,9	40,8	−52%
Feldsperling	52,8	22,7	−57%
Bluthänfling	37	14,1	−62%
Wiesenpieper	34,9	11,9	−66%
Grauammer	27,2	10,1	−63%
Rebhuhn	13,4	0,8	−94%
Turteltaube	13	3,5	−73%
Braunkehlchen	10,4	3,0	−71%
Ortolan	4,4	0,6	−87%

Angaben aus Artenschutzreport 2015, Bundesamt für Naturschutz

8.3.5   Anzahl von Tierarten und -unterarten, die Ende der achtziger Jahre in den Res Lists der IUNC geführt wurden (Stand 1988)

IUNC = International Union for Conservation of Nature and Natural Ressources, vgl. Abschn. 8.1.8.

Tiergruppe	Anzahl ausgestorbener und bedrohter Taxa	hiervon als ausgestorben geführt
Säugetiere	555	34
Vögel	1073	9
Kriechtiere	186	1
Lurche	54	1
Fische	596	24
Wirbellose	2125	98

Angaben aus Plachter, 1991

8.3.6 Neozoen in Deutschland

Neozoen sind Tiere, die nach 1492 nach Mitteleuropa gelangt sind; sie werden auch als gebietsfremde Arten bezeichnet.

Taxon	Anzahl	etabliert	noch nicht etabliert	Status fraglich
Säugetiere	22	8	14	0
Vögel	163	15	138	10
Reptilien	14	0	13	1
Knochenfische	54	8	21	25
Insekten	553	115	185	253
Spinnentiere	35	10	2	23
Krebstiere	62	26	9	253
Sonstige Gliedertiere	20	7	12	1
Ringelwürmer	33	10	4	19
Weichtiere	83	40	7	36
Rundwürmer	25	4	10	11
Plattwürmer	36	8	8	20
Nesseltiere	7	5	1	1
Einzeller	21	3	8	10

Angaben vom Bundesamt für Naturschutz (BfN), Stand November 2005

8.3.7 Entwicklung der Seehundbestände im deutschen Wattenmeer zwischen 1987 und 1990

1988 erkrankten viele Seehunde (*Phoca vitulina*) an der „Seehundstaupe". Es starben ca. 80 % der Tiere. 1990 erfolgte eine erneute Zählung aus der Luft; die Zahl der Tiere hat seit 1989 um ca. 15 % zugenommen, wobei die Zahl der Jungtiere mit 1100 Stück besonders erfreulich ist, da sie ähnlich hoch liegt wir vor Ausbruch der Seuche. Allerdings werden immer noch mit Seehundstaupe infizierte Tiere gefunden.

Jahr	Dänemark	Schleswig-Holstein	Nieder-sachsen	Niederlande	Gesamt-bestand
1987	1400	3793	2400	1054	8650
1988	Erkrankung der Seehunde				
1989	870	1750	1400	535	4555
1990	1048	1974	1620	559	5201
Anzahl der tot aufgefundenen Seehunde im Wattenmeer im Jahr 1988 bis Mitte Oktober.					
	1344	5748	998	427	gesamt: 8517

Angaben aus Daten zur Umwelt, 1990/91 und Plachter, 1991, ergänzt durch „die ganze Nordsee", (abgerufen am 27.05.2015).

2002 folgte eine zweite Staupe-Epidemie. Bei beiden Epidemien (1988 und 2002) zusammen starben bis zu 15.000 Seehunde im Wattenmeer.

Seehundbestand heute (2015) geschätzt ca. 14.000 im Wattenmeer, ca. 19.000 in der gesamten Nordsee. Weltweit gibt es geschätzt 500.000 Seehunde.

8.3.8   Die Auswirkungen des Fangs auf den Bestand von 10 Walarten

Die Zahlenangaben in den einzelnen Quellen schwanken stark. Die Angaben in der Südwestpresse (in Klammern hinter einem nicht eingeklammerten Wert) wurden anlässlich der Jahreskonferenz der Internationalen Walfangkommission (IWG) 1993 veröffentlicht.

Die Zahlenangaben in 1000 Individuen; Zahlenangaben in Klammer und mit Fragezeichen: unsichere Werte,

* = nicht regelmäßig bejagt,

? = keine gesicherten Zahlenangaben.

Art	unberührter Bestand	Bestand 1974	Bestand 1974 als %-Anteil des unberührten Bestandes	Bestand 1993 volle Zahlenangabe
Pottwal				
beide Geschlechter	922	641	69	
männlich	461	212	45	
weiblich	461	429	93	
Finnwal	448	101	22	
Zwergfinnwal	361	325	90	
Seiwal	200	76	38	
Edenwal	100	(40)?	?	
Grönlandwal*	(50)?	(2)?	?	
Nordwal*	(10)?	(2)?	?	
Grauwal*	11	11	100	
Blauwal	215 (250)	13	6	1000
Buckelwal	50 (100)	7	14	
Minkewal	−(850)			760.000
Flossenwal	−(500)			20.000
Glattwal	−(180)			40.000
Insgesamt	**2367**	**1218**	**51,4**	

Angaben aus Plachter, 1991 und Südwestpresse vom 12.3.1993

8.3.9 Entwicklung der Weißstorch-Population in der Bundesrepublik

a) **Brutpaare (BP) und Bestandsentwicklung bis 1991**

um 1900	ca. 9000 BP
1959	ca. 4800 BP
1988	Tiefststand mit 2949 BP

Jahr	alte Bundesländer BP	neue Bundesländer BP	gesamt BP
1934	4407	4628	9035
1958	2499	2500	4999
1974	1057	2928	3985
1984	649	2722	3371
1991	585	2640	3225
um 2000			4500 BP
2010			Weltbestand geschätzt auf 230.000 BP

Angaben aus „Brennpunkt", Ausgabe 3. Oktober 1992, ergänzt durch Wikipedia (abgerufen am 27.05.2015)

In den alten Bundesländern lief der Rückgang der Population um ein vielfaches schneller ab als im Osten Deutschlands.

b) **Der Bestand des Weißstorches in einigen ausgewählten Regionen**

Region/Stadt	Jahr	Anzahl der Brutpaare
Weltbestand	1984	ca. 130.000
Polen	ca. 1992	ca. 30.000
Nordafrika	1984	ca. 30.000
Schleswig-Holstein	1907	2670
	1992	192 (= 7 % von 1907)
Bergenhusen (Schleswig-Holstein)	ca. 1939	bis zu 60
	1939	100 Jungvögel
	1959	34
	1992	7
Rühstädt/Elbe	1992	22
Linum/Nähe Berlin	1992	15

Angaben aus Schulz, 1993

8.3.10 Zahl der Laufkäferarten (Carabidae) in Gebieten mit Flurbereinigung im Kraichgau

Der Kraichgau ist das Gebiet südlich des Odenwaldes.

Die Gebiete sind untereinander vergleichbar in Hangneigung, Exposition, Boden, Entfernung von Randbiotopen, Nutzung (Zuckerrüben).

Die Werte für Hilsbach wurden 100 % gesetzt.

Ort	Status des Gebiets	Zahl der Laufkäferarten	%-Wert
Hilsbach	nicht flurbereinigt	47	100
Elsenz	vor 2 Jahren flurbereinigt	32	68
Berwangen	vor 6 Jahren flurbereinigt	20	43
Ittlingen	vor 10 Jahren flurbereinigt	21	45
Dammhof	56 ha großes, seit 15 Jahren sehr intensiv bewirtschaftetes Flurstück	10	21

Angaben aus Plachter, 1991

8.4 Anthropogene Belastungen

Dieses Kapitel enthält Angaben zu anthropogenen Umweltbelastungen, soweit diese nicht schon in den vorangegangenen Kapiteln enthalten sind.

8.4.1 Umweltkatastrophen und Unfälle (Auswahl)

Vgl. auch Abschn. 4.3.6 „Tankerunfälle und ihre Folgen" (bei marine Ökosysteme)

Datum	Ort	Katastrophe/Unfall	Schäden/Opfer
10.07.1976	Seveso (Italien)	Explosion in Chemiewerk	Dioxin-Wolke vergiftete Umwelt
18./19.05.1980	St. Helens (USA)	Vulkanausbruch	22 Tote, 500 Mio. Schäden in der Landwirtschaft
12.08.1981	Jangtsekiang (China)	Überschwemmung	23 Mio. Obdachlose, 8000 Tote
21.11.1981	Klaipeda (UdSSR)	Ölkatastrophe (16.493 Liter Öl)	60.000 Seevögel sterben
06.03.1983	südafrik. Küste	Ölkatastrophe (190.000 t Öl)	nicht absehbar, da Unfallort im Meer
11.–16.11.1984	Sellafield (GB)	Meeresverschmutzung	Rückgang einer Schwarzkopfmöwen-Kolonie von 12.500 auf 1500 durch Ablassen radioaktiven Tankspülwassers
02.12.1984	Bhopal (Indien)	Giftgasunglück	3400 Tote, 30–40.000 Schwerverletzte, 600.000 Menschen stellen Schadenersatzansprüche
1984/1985	Äthiopien	Dürrekatastrophe	über 1 Mio. Tote
1985	Bangladesch	Überschwemmungen	11.069 Tote
1986	Kamerun	Giftgaskatastrophe	giftige Gase dringen aus dem Nios-See, 1700 Tote, mehrere Tausend tote Rinder

Angaben aus Geographie und Schule 1979, Oktober 1992; Focus online vom 23.11.2013; feelGreen vom 16.03.2013

Datum	Ort	Katastrophe/Unfall	Schäden/Opfer
26.04.1986	Tschernobyl (UdSSR)	Reaktorunglück (GAU)	mind. 35 Tote, 135.000 evakuiert, Vernichtung von Pflanzen und Tieren in unmittelbarer Nähe
31.10.1986	Basel (CH)	Rhein-verschmutzung	400 Liter Atrazin ins Rheinwasser
01.11.1986	Basel (CH)	Rhein-verschmutzung	Großbrand bei Sandoz, Quecksilberfungizide mit Löschwasser in den Rhein, Absterben der Wasserflora und -fauna
1987	Bormio (I)	Erdrutsch	50 Tote
27.05.1988	Ärmelkanal	Meeres-verschmutzung	Frachter sinkt mit 248 hl krebserregendem Acrylnitril
7/1988	USA	Dürrekatastrophe	Ernteverluste bis 100 % im Mittleren Westen
7/1988	Nordsee	Seehundsterben	mehrere Hundert Seehunde verenden in der Nordsee
8/1988	Bangladesch	Überschwemmung	110.000 km² Bangladeschs (¾ des Landes) stehen unter Wasser
28.01.1989	Antarktis	Meeres- und Küsten-verschmutzung	Schiff verliert 680 t Dieselöl; größte Umweltverschmutzung der Antarktis
24.03.1989	Alaska	Ölkatastrophe	Exxon Valdez verliert 40.000 t Rohöl, Verschmutzung von 6700 km² Küste, verheerendste Umweltkatastrophe Alaskas, Folgen für das Ökosystem nicht abschätzbar
10.09.1989	Mittelamerika/USA	Wirbelsturm	Wirbelsturm „Hugo" verwüstet Teile Mittel- und Nordamerikas
19.12.1989	Kanarische Inseln	Ölkatastrophe	Tanker Khark explodiert und verliert 70.000 t leichtes Heizöl

Angaben aus Geographie und Schule 1979, Oktober 1992; Focus online vom 23.11.2013; feelGreen vom 16.03.2013

Datum	Ort	Katastrophe/Unfall	Schäden/Opfer
31.12.1989	Madeira	Ölkatastrophe	Tanker Argon verliert 25.000 t Öl durch Havarie
25./26.01.1990	England	Orkan	Orkantief „Daria" verursacht in Südengland 80 Tote
3.–5.02.1990	Westeuropa	Orkan	Orkantief „Ida" mit Sachschäden in Mrd.-Höhe
14./15.02.1990	Westeuropa	Orkan	Orkantief „Polly" mit Wolkenbrüchen, Erdrutschen, Lawinen, Toten
25./26.02.1990	West-/Mitteleuropa	Orkan	Orkantief „Vivian" mit Deichbrüchen, Sturmfluten, 67 Tote
28.02./01.03.1990	Deutschland	Orkan	Orkan „Wiebke"; ca. 2 Mrd. DM Schaden in der BRD, 15 Tote
19.11.1990	Nähe Bermudas	Ölkatastrophe	Tankerleck durch Sturm, 23 Mio. Liter Rohöl ausgelaufen, 580 km langer Ölteppich
28.12.1990	USA	Kälteeinbruch	Kälteeinbruch bis minus 43 Grad in Kalifornien und Minnesota, große Ernteschäden bei Zitrusfrüchten etc.
1990/1991	Kuwait	Ölkatastrophe	über 900 Ölquellen werden vom Irak in Kuwait entzündet, erhebliche Luftbelastung durch Ölverbrennung, „schwarzer Schnee" im Himalaja, unbekannte Folgen auf Klima
1991	Persischer Golf	Ölkatastrophe	rd. 400.000 t Öl im Zuge des Golfkrieges in den Golf eingeleitet
12.04.1991	Genua (Italien)	Ölkatastrophe	Havarie des Supertankers „Haven", mehrere 10.000 Tonnen Rohöl fließen ins Meer
5/1991	Bangladesch	Überschwemmungen	Überschwemmungen im Zuge eines Taifuns mit über 150.000 Toten und ca. 1,7 Mrd. DM Schaden
06.06.1991	Japan	Vulkanausbruch	Ausbruch des Unzen in Süd-Japan, mind. 37 Tote

Angaben aus Geographie und Schule 1979, Oktober 1992; Focus online vom 23.11.2013; feelGreen vom 16.03.2013

Datum	Ort	Katastrophe/Unfall	Schäden/Opfer
06.06.1991	Colombo (Sri Lanka)	Flutkatastrophe	Überschwemmungen und Erdrutsche bei starken Regenfällen
09.06.1991	Philippinen	Vulkanausbruch	Ausbruch des Pinatubos nach über 600 Jahren, Aschewolken in 5 km Höhe
19.06.1991	Antofagasta (Chile)	Flutkatastrophe	starke Regenfälle, mind. 61 Tote
10.07.1991	Anhui (China)	Überschwemmung	starke und anhaltende Regenfälle, über 1500 Tote, 1,2 Mio. Häuser zerstört, ca. 10 Mio. Hektar Ackerland überflutet, 5 Mio. Menschen von den Fluten eingeschlossen
22.07.1991	Australien	Ölkatastrophe	griechischer Tanker „Kirke" bricht auseinander, mehrere 10.000 Liter Rohöl fließen ins Meer
05.11.1991	Philippinen	Taifun	verheerendster Taifun seit Jahrzehnten, über 6000 Tote, über 1.000.000 Obdachlose, Schlammlawinen, Springfluten, Wolkenbruchartige Regenfälle
20.04.2010	Golf v. Mexico	Deepwater Horizon Blowout	800 Mio. l Öl laufen aus, 11 Tote
26.12.2004	Indischer Ozean	Tsunami	Flutwelle tötet mind. 231.000 Menschen
11.03.2011	Fukushima (Japan)	Tsunami mit Reaktorexplosionen in Atomkraftwerk	ca. 19.300 Tote
über Jahre hinweg	Aralsee (Kasachstan) (68.000 km²)		Zuflüsse wurden umgeleitet, See trocknet aus; 1960 war er noch einer der größten Binnenseen der Welt

Angaben aus Geographie und Schule 1979, Oktober 1992; Focus online vom 23.11.2013; feelGreen vom 16.03.2013

8.4.2 Zersetzungsdauer von künstlichen Abfallprodukten

Produkt	Zersetzungsdauer in Jahren
Aluminium-Dosen	8–100
Glasflaschen	1 Mill. (?)
Plastiktüten	10–20
plastikbeschichtetes Papier	5
Plastik-Filmdosen	20–30
Nylon-Gewebe	30–40
Gummistiefel-Sohle	50–80
Leder	bis zu 50
Wollsocken	1–5
Zigarettenfilter	1–5

Angaben aus Sequoia Park, 1993

8.4.3 Schwefeldioxid-Gehalt der Luft und Flechtenvorkommen

Da Flechten ihre Nährstoffe und das Wasser ausschließlich aus der Luft aufnehmen, sind sie besonders empfindlich gegen deren Belastung mit schädlichen Gasen. Das Vorkommen von Flechten wird deshalb auch für ein Luftqualitäts-Monitoring herangezogen.

Menge SO_2 ($\mu g/m^3$)	Flechten, die auf Rinden vorkommen
über 170	keine Epiphyten auf Rinde
150–170	keine Flechten, nur einzellige Grünalgen
125	*Lecanora conizaeoides*
70	*Hypogymnia physodes, Parmelia saxatilis*
60	*Hypogymnia physodes,* vereinzelt *Xanthoria parientina* und *Physcia ascendens*
50	*Pertusaria*-Arten, *Parmelia exasperatula, Xanthoria parientina, Physconia pulverulenta, Pseudevernia furfuracea*

Angaben aus Jahns, 1980

Menge SO$_2$ (μg/m^3)	Flechten, die auf Rinden vorkommen
40	*Physcia aipolia, Ramalina fastigiata, Parmelia caperata, Anaptychia ciliaris*
35	*Usnea ceratina, Parmelia perlata, Anaptychia ciliaria*
unter 30	*Lobaria pulmonaria, Usnea florida, Ramalina fraxinea, Physcia leptalea*
SO$_2$-freie Luft	*Sticta limbata, Usnea articulata, Lobaria scrobiculata, Teloschistes falvicans*

Angaben aus Jahns, 1980

8.4.4 DDT im menschlichen Fettgewebe

DDT ist die Abkürzung für Dichlordiphenyltrichlormethan. Es ist ein Insektizid, das seit Anfang der 1940er-Jahre eingesetzt wird. Seit dem 1. Juli 1977 ist die Herstellung und der Vertrieb von DDT in der Bundesrepublik Deutschland verboten. Die Werte aus den USA zeigen beispielhaft den kumulativ bedingten Anstieg des DDT im Fettgewebe des Menschen seit dem ersten Einsatz an.

Land	Jahr	DDT-Gehalt in ppm
USA	1942	0
USA	1950	5,3
USA	1955	19,9
USA	1962/63	10,3
Bundesrepublik Deutschland	1958/59	2,2
Frankreich	1961	5,2
Ungarn	1960	12,4
Israel	1963/64	19,2
Indien	1964	26,0

Angaben aus Heinrich und Hergt, 1990

8.4.5   Belastung der Eier von Lachmöwen aus Schleswig-Holstein (Amrum)

Jahr	Probenzahl	HCB	pp-DDT	PCB
1981	65	66 (278)	369 (1917)	2249 (5895)
1985	3	47 (53)	197 (247)	1380 (1985)
1986	10	18 (97)	49 (122)	1959 (5230)
1987	8	20 (31)	110 (409)	1110 (2115)
1988	5	23 (37)	129 (180)	747 (935)

Werte in Klammern = Maximalwerte. Alle Angaben in µg/kg Frischgewicht. Angaben aus Kohler und Arndt 1992; nach Angaben der LVUA Schleswig-Holstein

8.4.6   Beobachtete Klimatrends in Deutschland

Phänomen	Zeitspanne	Frühling	Sommer	Herbst	Winter	Jahr
Temperatur	1901–2000	+0.8 °C	+1.0 °C	+1.1 °C	+0,8 °C	1.00 °C
	1961–2000	+0.8 °C	+0.4 °C	0 °C	+1.7 °C	+0.7 °C
Nieder-schlag	1901–2000	+13 %	−3 %	+9 %	+19 %	+9 %
Frostfreie Tage	1951–2000					+24.4d
Vegetations-periode						+18.0d

Angaben aus Wittig, Geobotanik 2012

8.5 Lärm

8.5.1 Schallintensität und Schallpegel einiger Geräusche

Alle Angaben sind gerundete Werte.

Ereignis	Schallpegel in dB(A)	Schallintensität in W/m²
sehr ruhiges Zimmer	20–30	10^{-10}–10^{-9}
üblicher Hintergrundschall im Hause	30–40	10^{-9}–10^{-8}
normale Unterhaltung	40–60	10^{-8}–10^{-5}
„Zimmerlautstärke" von Radio u. Fernsehen	55–65	10^{-6}–10^{-5}
Schreibmaschine	65–75	10^{-5}–10^{-4}
PKW im Stadtverkehr	70–88	10^{-4}–10^{-3}
LKW im Stadtverkehr	85–90	10^{-4}–10^{-3}
Presslufthammer	90–105	10^{-3}–0,5
Probelauf von Düsenflugzeugen	105–130	0,5–50
Gehörschädigungen auch bei kurzzeitiger Einwirkung	104–140	1–100

Angaben aus Bundesinnenministerium „Was Sie schon immer über Umweltschutz wissen wollten" 2. Aufl. 1984

8.5.2 Immissionsrichtwerte der TA-Lärm

TA-Lärm = Technische Anleitung zum Lärmschutz.
   Die Angaben erfolgen in dB(A).

Gebiete		db(A)
nur gewerbliche oder industrielle Anlagen		70
vorwiegend gewerbliche Anlagen	tagsüber	65
	nachts[*)]	50
gewerbliche Anlagen und Wohnungen, in denen weder vorwiegend gewerbliche Anlagen noch vorwiegend Wohnungen untergebracht sind	tagsüber	60
	nachts	45

[*)]Die Nachtzeit beträgt acht Stunden, sie beginnt um 22 Uhr und endet um 6 Uhr. Angaben aus Sukopp und Wittig 1993

Gebiete		db(A)
vorwiegend Wohnungen	tagsüber	55
	nachts	40
ausschließlich Wohnungen	tagsüber	50
	nachts	35
Kurgebiete, Krankenhäuser, Pflegeanstalten	tagsüber	45
	nachts	35
Wohnungen, die mit der Anlage baulich verbunden sind	tagsüber	40
	nachts	30

*)Die Nachtzeit beträgt acht Stunden, sie beginnt um 22 Uhr und endet um 6 Uhr. Angaben aus Sukopp und Wittig 1993

Literatur

Bundesamt für Naturschutz (BfN): Gebietsfremde Arten, Positionspapier des Bundesamtes für Naturschutz. BfN-Skripten 128. 2005

Bundesamt für Naturschutz (BfN): Artenschutz-Report 2015, Tiere und Pflanzen in Deutschland

Bundesministerium des Innern (Hrsg.): Was Sie schon immer über Umweltschutz wissen wollten. 2. Aufl.,Stuttgart 1984/85

Daten zur Umwelt, Bundesumweltamt, 1990/91

Jahns, H. M.: Farne, Moose, Flechten. München 1980

Jedicke, E.: Biotopverbund. Stuttgart 1990

Heinrich, D. u. M. Hergt: dtv-Atlas Ökologie, Stuttgart 1990

Landesanstalt f. Umweltschutz Baden-Württemberg: Arten und Biotopschutzprogramm, Band 1. Karlsruhe 1993

Michelsen, G. (Hrsg.): Der Fischer-Öko Almanach 91/92. Frankfurt/M. 1991

Plachter, H.: Naturschutz. Stuttgart 1991

Schulz, H.: Der Weißstorch. Augsburg 1993

Sequoia Bark, Sequoia and Kings Canyon National Parks, California. Vol. 20, No. 3, April 4-June 13, 1993

Statistisches Bundeamt (Hrsg.): Statistisches Jahrbuch 1992 für die Bundesrepublik Deutschland. Wiesbaden 1992

Statistisches Bundeamt (Hrsg.): Statistisches Jahrbuch 1993 für die Bundesrepublik Deutschland. Wiesbaden 1993

Sukopp, H. u. R. Wittig: Stadtökologie. Stuttgart 1993

Wittig, R.: Geobotanik, UTB basiscs, Haupt Bern, 2012

Sachverzeichnis

D. Kalusche, *Ökologie in Zahlen*,
DOI 10.1007/978-3-662-47987-2, © Springer-Verlag Berlin Heidelberg 2016

Printed in the United States
By Bookmasters